智元微库
OPEN MIND

成 长 也 是 一 种 美 好

松弛感

把能量从敏感焦虑中释放出来

[日] 加藤谛三——著

刘菊玲——译

なぜ、あの人は自分のことしか
考えられないのか

人民邮电出版社

北京

图书在版编目（ＣＩＰ）数据

松弛感：把能量从敏感焦虑中释放出来／（日）加藤谛三著；刘菊玲译. -- 北京 ：人民邮电出版社，2023.3
ISBN 978-7-115-61080-5

Ⅰ．①松… Ⅱ．①加… ②刘… Ⅲ．①人际关系学—通俗读物 Ⅳ．①C912.11-49

中国国家版本馆CIP数据核字(2023)第005029号

版权声明

◆ 著 ［日］加藤谛三
　　译 刘菊玲
责任编辑 张渝涓
责任印制 周昇亮

◆人民邮电出版社出版发行　　北京市丰台区成寿寺路 11 号
邮编 100164　电子邮件 315@ptpress.com.cn

网址 https://www.ptpress.com.cn

天津千鹤文化传播有限公司印刷

◆开本：880×1230　1/32
印张：7.625　　　　　　　　 2023 年 3 月第 1 版
字数：150 千字　　　　　　 2025 年 9 月天津第 22 次印刷

著作权合同登记号　图字：01-2022-5852 号

定　价：59.80 元

读者服务热线：（010）67630125　印装质量热线：（010）81055316
反盗版热线：（010）81055315

前言

倘若现在能意识到这些，很多烦恼都将迎刃而解

人类烦恼的部分根源在于自恋。

自恋者有多种表现，比如某些女性朋友上班之前会花好几小时照镜子；比如有些人总是说"没有人理解我"，经常说这句话的人很可能是个自恋者，具体理由我将在本书中详细说明。

换言之，自恋者往往强烈地渴望他人对自己的理解多一点，再多一点！

自恋者往往任由自己执迷于渴望被他人理解。由于过于渴望

他人理解自己，他们往往对周围的现实视而不见。

"没有人理解我"这句台词，翻译过来其实是"帮帮我"。

总之，自恋者为其自身所困，为其自身内心的苦楚所困，他们只有在苦恼的时候，才能发挥自己的本领。

我们总以为自恋就是自我陶醉，事实上，更准确的说法是，自恋是陶醉于自己的烦恼。

自恋者陶醉于自己的烦恼，认为自己的烦恼是件大事，全世界都应该致力于解决他们的烦恼。

遗憾的是，世界不可能把解决他们的烦恼放在第一位。于是，自恋者便在心底生出"没有人理解我"的痛苦，忍不住发出"帮帮我"的呼声。

自恋者在心中呐喊着"请永远只爱我一个人"，可这种事情根本不会在现实中发生，所以自恋者总是感觉自己受到了伤害，总是闷闷不乐，内心充满愤怒。

其结果只能是，他们的生存能量被内心的纠葛白白地耗费掉，身心俱疲，只能无助地生活在"没有人理解我"的痛苦中。

自恋者为什么会变成这样？这正是本书要分析的。

固执地追求"自我存在感"

固执地追求"自我存在感"是自恋者的另一个特征。若是某人和你见面时一直滔滔不绝，不是自吹自擂就是说他人是非，他很可能是个自恋者。

自恋者的这种自我吹捧，就好似在问："你看我厉害不？"他们对自身的定位浑然不觉，也搞不清楚自己在对方心目中的位置。

自恋者在写信时也喜欢没完没了地讲述自己的琐事，认为这就是交流。

更有甚者，他们刻意中伤别人，比如明明自己也追求奢华，却批评这样的人"没品位"。他们这种行为无非为了表明自己比别人优秀。

有的人，只要对方不心悦诚服地听他自吹自擂，他就会立刻不开心；如果对方不附和他对别人的评价，他也会马上不开心。这样一言不合就变脸的人，也是自恋者。

自恋者不仅容易受伤，还很容易发怒。总之，他们通常很难相处。

　　自恋者的另一个特征是极不愿意倾听。他们会滔滔不绝地谈论你根本没问他们的事情，自己却极不愿意听别人说话。

　　对自恋者而言，别人对他们的中肯评价也很不入耳，因为这些话往往会伤害他们夸大的自我形象。

　　只要不是赞美他们的话语，都会让自恋者感到不快。

　　普通人当作耳边风、"随它去吧"的一些事情，却可能被自恋者当成"大事件"。在无关紧要的事情上大做文章、消耗能量，是自恋者常干的事情。

　　自恋者总是渴望得到他人的赞美。然而，这一渴望在现实中却总是落空，甚至有时还会遭到他人的批评甚至无视，于是他们总是闷闷不乐。

　　最终因此陷入烦躁、愤怒、沮丧等消极状态。

　　没有比自恋者更不适应社会生活的人了。他们对他人漠不关心，却渴望得到他人的赞美；他们不懂得如何交流，却在被人拒绝时骤然翻脸；如果没有从别人嘴里听到自己期待的回应，他们便会立刻不开心；一旦对方没有顺从自己，他们便会摆出一张臭脸，而且还自以为已经很好地照顾到了对方的感受。

由于自恋者毫不关心他人，他们也全然察觉不到自己给他人添了麻烦。他们自以为是，一个人自得其乐。就像一个单相思的人，自以为这段感情是两情相悦的，可实际上被他喜欢的那个人并不喜欢他。

自恋，除了上述特征，还有其他一些常见的特征。

我本人第一次在哈佛大学留学时，学习过一本关于人格理论的教科书，其中列举了许多衡量自恋程度的表述。第一条就是，"我总是在琢磨其他人如何看待我，别人对我的印象如何"[1]，以及"我特别喜欢成为人们关注的焦点"[2]。

简言之，所谓的自恋者就是"非常在意他人对自己的看法，并且十分招摇的人"，他们看似阳光自信，实则活得十分紧绷，脆弱的自尊随时可能被击得粉碎，松弛感对他们而言是那样的遥不可及。

比如，有些人为了让自己看起来很厉害而不知疲倦地考取一张张对其毫无用处的资格证书，这也是自恋者常有的行为。

自恋者深陷自我陶醉中，根本没有生活在现实世界里，因而现实对他们也没有任何反馈。可是，他们心底却渴望那些实实在在的东西，于是就想尽办法来粉饰自己，以确认自己还活着。

自恋者看似自我陶醉，实则惶恐不安，因此，他们特别需要他人确认自己的存在。可惜的是，没人能给予他们想要的那种确认。

于是，自恋者发出了"没有人理解我"的悲鸣。

总之，自恋者在现实中举步维艰，这使他们进一步陷入自我怜悯，并产生受害者思维，因此千方百计地为自己鸣不平。

如今，在日本盛行的拜物主义和拜金主义，在某种意义上讲，这都是自恋的具体表现。在这样的环境中，哪怕进行环球旅行，也无法改变个体精神世界的狭隘。

很多人对发型等的关注也是如此。他们追求的不是通过日复一日的努力来达成某种成就，而是请知名的造型师来做个漂亮的发型，然后对着镜子自赏。自恋者没有勇气在现实中努力奋斗。

让所有人走向幸福的"关键词"

还有一些情况，一般不会让我们往"自恋"上去联想，但当事人恰恰就是自恋者。比如，离婚判决中经常提到"性格不合"，有时候很可能只是双方都是自恋者而已。换言之，他们只不过是利用了"性格不合"这个万能的借口，将因自恋等不成熟的情绪而引发的离婚合理化而已。

有的人明明是自恋者，却被误以为"这个人的性格生来如此"。

在我们的日常生活中，正确地理解并对待自恋，极为重要。

某位男士对爱上他的自恋者女士坦言："我不想和女王交往。"另一位男士则说："我可不想和你在一起，你一辈子都在做白日梦。"

自恋不仅对个体日常生活中的情绪状态会产生很大的影响，而且对整个人类的未来也具有极大的影响力。

自文艺复兴以来，有两种强大的对立力量：集体自恋主义与人文主义，各自以其独特的方式发展壮大。不幸的是，集体自恋主义的发展远远超过了人文主义[3]。

"集体自恋主义的形式五花八门，它们披着各种外衣，打着讨伐异己等各式各样的旗号。但究其心理本质，正是自恋及其所衍生的狂热主义与破坏性在各层面的显现"[4]。

自恋对人类的影响极大。即使物质上再富裕，人类也会因自恋无法获得幸福；哪怕环境再优越，人类也会因为自恋无法安享其中。

即使身处优越的环境中，自恋者也摆脱不了痛苦。要想真正体验幸福，他们必须抛弃自恋。

有句话说得好："但愿就此获得让自己幸福的能力。"如果一个人含着金汤匙出生却过得极为痛苦，这便是他的肺腑之言。

精神科医生维克多·弗兰克尔（Viktor Frankl）[①]曾说："我们的身体里甚至还有原子弹[5]。"弗兰克尔在这里用了一个比喻，更为直白的说法应该是，我们的身体里有的只是自恋，是自恋在我们的心中幻化出了原子弹。

现实中的和平与战争，其差异肉眼可见。但内心的和平与战争却无法用肉眼分辨。正因如此，一个人是不是自恋者，无法用肉眼辨别。

---

① 维克多·弗兰克尔（1905—1997），医学博士，维也纳第三心理治疗学派——意义治疗与存在主义分析的创始人，纳粹集中营幸存者，著有《生命的探问》等。——译者注

在这本书中，我从各个角度思考了这种无法用肉眼分辨的自恋；我参考了关于自恋的各类著作，聚焦于迄今为止的自恋研究中所忽视的部分。

在当今社会，如果人们再不认真思考自恋的问题，毫无疑问将走向心理衰退，变得敏感、焦虑。要想解决这些问题，其关键词就是"自恋"。本书将深入探讨"自恋"话题。

目录

第一章　为什么有些人动不动就不开心　　　　　　　　　/ 001

1.1　看似自信强势，其实不然　　　　　　　　　　　　/ 002

1.2　心灵空间不足，无法活出松弛感　　　　　　　　　/ 007

1.3　内心孤独又脆弱　　　　　　　　　　　　　　　　/ 011

1.4　得不到想要的回答　　　　　　　　　　　　　　　/ 016

1.5　不相信有人会帮助自己　　　　　　　　　　　　　/ 020

1.6　希望他人关注自己　　　　　　　　　　　　　　　/ 023

1.7　攻击性越强的人，越是伤痕累累　　　　　　　　　/ 026

1.8　过度关注消极的事物　　　　　　　　　　　　　　/ 030

1.9　不幸的童年经历　　　　　　　　　　　　　　　　/ 037

1.10　无法承认自己的失败　　　　　　　　　　　　　/ 042

1.11　认为"我做不到""我真的不行"　　　　　　　　/ 047

1.12　对他人的批评过于敏感　　　　　　　　　　　　/ 052

1.13　透过受损的滤镜看世界　　　　　　　　　　　　/ 055

1.14　内心恐惧，过度报复　　　　　　　　　　　　　/ 060

第二章　戒掉自恋，拥抱松弛　　　　　　　　　　　　　/ 063

2.1　虽渴望得到表扬和认可，但不想努力　　　/ 064

2.2　没钱也要买钻石　　　　　　　　　　　　/ 068

2.3　"我要征服世界"的背后是脆弱　　　　　　/ 071

2.4　你最在乎的那个人是谁　　　　　　　　　/ 074

2.5　评判自恋程度的 8 个指标　　　　　　　　/ 077

2.6　世界不为你而存在　　　　　　　　　　　/ 088

2.7　当不再有人夸你是"好孩子"　　　　　　　/ 091

第三章　承认没有无条件的爱　　　　　　　　　　　　/ 097

3.1　心灵怎样才能得到满足　　　　　　　　　/ 098

3.2　摆脱"表扬依赖症"　　　　　　　　　　　/ 102

3.3　不再"对外迎合，对内冷酷"　　　　　　　/ 106

3.4　不被安逸裹挟　　　　　　　　　　/ 108

3.5　莫让顽强的意志走错路　　　　　　/ 113

3.6　与他人建立真正的情感连接　　　　/ 115

3.7　悲观主义不过是愤怒的伪装　　　　/ 120

3.8　不为得到表扬而努力工作　　　　　/ 124

3.9　不因被吹捧就自命不凡　　　　　　/ 128

第四章　是时候结束辛苦的生活方式了　/ 133

4.1　同样的环境，不同的心境　　　　　/ 134

4.2　体验全人格的亲密关系　　　　　　/ 137

4.3　放下依赖性敌意　　　　　　　　　/ 141

4.4　倾听他人内心的声音　　　　　　　/ 144

4.5　一切社会问题皆源于此　　　　　　/ 150

4.6　生产性能量源于心灵沟通　　　　　　　/ 154

4.7　别把"不幸福"与"没自信"挂在嘴上　/ 157

第五章　简单生活的唯一方法　　　　　　　　/ 159

5.1　想要改变，该怎么做　　　　　　　　　/ 160

5.2　勇敢说出"帮帮我"　　　　　　　　　/ 163

5.3　写出心中的消极情绪　　　　　　　　　/ 166

5.4　富足的人生，意味着有能力信任他人　　/ 169

5.5　以当下的自己为出发点　　　　　　　　/ 172

5.6　培养"健康心态"的要点　　　　　　　/ 175

5.7　爱他人的能力源于被爱的体验　　　　　/ 179

5.8　心向此时此刻的世界开放　　　　　　　/ 184

5.9　珍惜每天的小确幸　　　　　　　　　　/ 187

5.10　承认这些，你将不再恐惧　　　　　　　/ 189

5.11　倾听大自然的声音，享受松弛感　　　　/ 193

5.12　心怀感恩，体验心满意足　　　　　　　/ 199

5.13　找到自己喜欢的事情，关心世界和他人　/ 203

5.14　卸下"心灵的盔甲"　　　　　　　　　　/ 206

结语　　　　　　　　　　　　　　　　　　　/ 211

注释　　　　　　　　　　　　　　　　　　　/ 213

第一章

为什么有些人动不动
就不开心

ONE

此人心中到底发生了什么

1.1　看似自信强势，其实不然

说起"自恋"，大家都会想到自我陶醉。

的确如此，一个自恋的人，明明毫无建树也会自认为才华横溢，觉得自己很体面。

然而，这终究只存在于自恋者的意识世界。事实上，在无意识的世界里，自恋者深受糟糕的自我形象的困扰。

自恋者哪怕没有经历残酷现实的洗礼，也会肤浅地认为"我能行"，这是因为他们深陷自我陶醉，很多想法不切实际。

自恋者不去探究无意识中的想法，仅仅在意识层面上坚信自己充满魅力。或许他们不这么想，便无法生存下去。可实际上，他们的心底始终惴惴不安，害怕他人无视自己。

自我评价高是心理健康的重要指标，我们不能直接将自我评价高的人视为自恋者。

另外，我们也不能将自恋者的"自我陶醉"简单地理解为"自我评价高"。因为，即使自恋者在意识层面自我评价极高，其无意识中仍饱受空虚感的折磨，甚至自我轻蔑。

总之，自恋者极度自卑。当一个人所标榜的自己与真实的自己不一致时，其灵魂深处其实是知道这一点的。于是，他们整天提心吊胆，生怕露馅儿。

"自恋者的高自我评价是病态的，并且具有不稳定的倾向"[1]，因此"自我评价高的人并非自恋者"[2]。而且，"自恋者的高自我评价具有自我防御的性质"[3]。这类人在"无意识中自我唾弃，在意识层面却优越感十足"[4]。

换言之，只有意识与无意识相背离的人，才是自恋者。

很多人是认同这一观点的，但也有人会以自我评价的高低，来判断一个人是不是自恋者。

真正自我评价高的人，能够认可对手的实力，并对其做出正面评价。而自恋者的高自我评价却源自"与他人的比较"[5]。

在日常生活中，我们可以通过以下方法来识别自恋者。

如果一个人的自我评价很高，但暴躁易怒，那么基本上可以确认这个人是自恋者；同样，如果一个人的自我评价很高，但总是闷闷不乐，那么这个人也很可能是自恋者。

自恋者由于其无意识中的自我轻蔑，无论他外表如何坚强，都可能会因他人的只言片语深受打击。

即使是常人看来顺风顺水的生活，自恋者也会莫名地生出怒意，他们会莫名其妙地不开心，难以感受普通生活的乐趣。

归根结底，他们需要时常得到表扬，紧绷的神经才能稍微松弛，不然就会焦虑、敏感。

即使一切顺遂，自恋者也时常愤愤不平，总是指责他人。不仅如此，他们还会对一些普通人完全不会在意的日常对话过度敏感，感到受伤，甚至会因此暴跳如雷。

自恋者之所以会一言不合就翻脸，是因为他们经常处于情绪饱和状态。

心理学家阿尔弗雷德·阿德勒（Alfred Adler）①把这种状态称为神经症，并将其描述为"被高度强化的情绪"状态[6]。

被认为属于神经症的心理状态有焦躁、多疑、害羞等。简而言之，任何带有负面性质，带有对人生的不适，似乎充满情绪的表现行为，都会被看作神经症状态[7]。

阿德勒还提出，神经症患者所表现出的过度敏感性正是神经症的特征[8]。自恋者的这种过度敏感性，造成了他们对外在的不适应，以及宁愿受苦也不愿个人的价值感遭到破坏的性格。

对个体而言，如何消除自恋才是人生最大的课题。

"过度敏感实则是自卑的表现。"[9]

自恋者想要远离痛苦，活出松弛感，必须深入了解自我："原来我只不过是太自卑而已"。

神经症患者的特征是缺乏直面人生问题的勇气[10]。而所谓直面人生问题的勇气，指的是能够接纳"现实中的自己"。

---

① 阿尔弗雷德·阿德勒（1870—1937），奥地利精神病学家，人本主义心理学先驱、个体心理学的创始人，著有《自卑与超越》等。——译者注

正如我在其他作品中多次指出的那样，阿德勒也认为神经症患者在面临诸多人生问题时，往往表现得极其软弱。

如果个体在面对诸多人生问题时无法采取适当的态度，其根源往往可以追溯到其幼年时期。

神经症患者之所以无法接纳"现实中的自己"，是因为他们"现实中的自己"从小就没有得到周围重要人物的接纳。

正如阿德勒所说，神经症患者与自恋者在幼年时期就已经不幸地形成了错误的观念，他们必须在理解这一点的基础上，重新培养与人交往的能力[11]。

只要明白幼年时自己周围的重要人物并不代表所有人，自恋者便可以通过人格重建，形成新的人生观。

1.2　心灵空间不足，无法活出松弛感

普通人的心灵空间都有一定的富余，因此即使他人说了一些自己不太赞同的话，他们也不会突然不开心；即使他人说了一些批评他们的话，他们也不至于当场翻脸。

这是因为，富足的心灵有能力消化此类无关紧要的话语。

而自恋者看似自我陶醉，心底却充满孤独与恐惧。他们总是强烈地渴望得到他人认可，不然心情便会瞬间从晴空万里转为乌云密布。

这使得他们时刻紧绷着，需要消耗大量能量才能维持正常的情绪状态，所以他们很难拥有从容的松弛感。

当听到别人说出不甚中听的话时，自恋者无法告诉自己"对

方现在可能有什么烦心事"，他们往往对这些话难以释怀。

自恋者的内心贫瘠，没有能力体谅他人的心情。

据说，有人对纽约家庭法院的数千起离婚诉讼案做过调查，结果发现，丈夫离家出走的主要原因是"妻子唠叨"[12]。

或许，其中有些妻子并不比其他已婚女性更唠叨，只是自恋型丈夫厌烦了另一半平淡的日常表达而已。

总之，自恋者渴望得到表扬，只要他人未对其观点表示赞成，他们便会觉得受伤，然后就突然不开心。

如果有人对自恋者说"请你这么做"，他们会很不开心；而带有批评性的话语，更是会令他们"如鲠在喉"[13]。对于过度渴望被赞美的人而言，即使根本算不上批评的话，在他们听来也会变成批评。

小孩子会表现出强烈的退行欲。我们不妨把自恋者当成某一类小孩子——他们总是渴望被人夸奖。如果母亲要求这类小孩子"你要这么做"，他们通常会当场撒泼打滚、号啕大哭。

因此，自恋型丈夫无法容忍妻子对其言行发表不同意见。严重的自卑感导致他们需要时刻确认自身的优越感，而妻子的不同意见无疑会击碎其幻想。

可见，丈夫离家出走的主要原因之所以是"妻子唠叨"，其背后隐藏着自恋问题——妻子的话语破坏了丈夫的优越感。

心理健康的人，心理状态稳定，拥有坚定的自我存在感，不依靠别人的评价来定义自己。他们既能对不中听的话置若罔闻，也有能力自我完善。与之相反，自恋者的心理状态极不稳定，很容易因微不足道的琐事突然崩溃。

同样的话语或事件，对心理健康的人和自恋者而言，意义可能截然不同。因此，前者完全无法理解，自恋者为何会突然不开心。

人类赖以生存的基础，在于与他人的心灵沟通，也就是交流。人们在相互的心灵触碰中体验自我的情感。用心理学家罗洛·梅（Rollo May）[①]的话说，就是"自我体验"，然而自恋者从未有过这种体验。

---

① 罗洛·梅（1909—1994），美国存在心理学之父、人本主义心理学的杰出代表，著有《焦虑的意义》等。——译者注

我们在讨论"自我体验"时所涉及的"与他人的联结",指的是心灵沟通。

心灵沟通既不是利害关系中形成的联结,也不是因血缘关系,结婚、收养等法律关系而形成的联结,而是在与人沟通时体验到的情感联结。

心灵沟通是人类生存的基础。自我体验能力强的人拥有牢固的生存基础,而自我体验能力弱的人则缺乏牢固的生存基础。让拥有可靠自我体验的人,去理解从未拥有过可靠自我体验的人,简直难于上青天。

所以,自恋者嚷嚷"没有人理解我",也是理所当然的。这句话翻译过来就是:"没有人能理解我这种无法进行自我体验之人的虚无缥缈的心情。"

抗震性能良好的建筑物和完全没有抗震能力的建筑物,即使是在轻微的地震中,表现也会大不相同。

自恋者就如同毫无抗震能力的建筑物,日常无关紧要的谈话也会使他们突然不开心。

1.3　内心孤独又脆弱

自恋者看似自我陶醉，内心却极其孤独，缺乏自信。他们比任何人都对自己感到绝望，因此总是处在紧张不安的状态，难以获得精神上的松弛感。自恋者的自我陶醉，其实是无意识中的绝望感的反向形成。

自恋者非常在意自己是否给对方留下了美好印象。

在这一点上，他们与社交恐惧症患者类似，都无法与他人共情。

自恋者之所以缺乏共情能力，是因为他们认为自己必须"比别人优越"才能生存下去。

他人的赞美是其唯一的心灵依托。

自恋者要求他人时刻对与自己的关系感到满意，时刻对自己充满感激，时刻对自己另眼相看。

即使他人抱怨的事与自恋者本人并无直接关系，自恋者也会因觉得自己的人格被否定而受伤；即使对方并未指责他，自恋者也会觉得对方是在指责自己，并认为全世界都与自己为敌。

换言之，自恋者根本不关注现实中的他人，并未与现实中的他人建立情感联结。

因此，只要他人未对自恋者表示感激或赞美，他们便会觉得受伤。只要听到的不是赞美他们的话，他们便会觉得自己的人格遭到了否定。总之，若是得不到身边人的赞美，他们便不知该如何活下去。

一丁点儿小事就会令自恋者感到很受伤，并且哀嚎着自己受伤了，闹得鸡犬不宁。但是反过来，他们却完全意识不到自己的言行可能会伤害到他人。

他们只关心如何在他人心目中树立美好的形象，对于他人受到的心灵创伤却迟钝、冷漠至极。

自恋者最根本的问题在于自我的缺失，他们既没有自己的好恶，也没有自己的愿望和意志。换言之，他们内心深受空虚感和孤独感的折磨。

　　一个人如果无法克服自恋，无法相信自己并在此基础上开始新的生活，他就将永远孤独下去，并且容易受伤。

　　自恋者要想活出松弛感，就必须直面心底的绝望感。这就是勇气。

　　这也是为什么阿德勒和奥地利精神病学家沃尔特·贝兰·沃尔夫 ① 会说神经症患者"缺乏勇气"。

　　如果自恋者足够自信，就不会再因他人的评价甚至批评而受伤，不会再害怕遭人非议，不会再害怕失败，也不会再在意他人是否欣赏自己，他们便能将自身的能量用于自我实现，并会拥有爱他人的能力。

　　反之，如果自恋者一味自我陶醉，又没有足够的自信，就会极度容易受伤。他人的嫌弃、轻视、无视、拒绝、不理解、怠慢等，都会让自恋者的心灵遭受致命创伤。

　　其中，对自恋者而言最致命的伤害是将其与他人比较之后的

---

① 沃尔特·贝兰·沃尔夫，阿德勒的忠实追随者，因车祸去世，年仅 35 岁。——译者注

批评。这样的打击会使自恋者要么勃然大怒，要么因无处发泄怒火而自我封闭，进而患上抑郁症并陷入极度的颓废中。

对自恋者而言，自我陶醉是其无意识的需要，渴望得到表扬也是无意识的需要。如果得不到表扬，自恋者会觉得生无可恋。

不相信自己的自恋者，会因他人的贬损深感受伤。他们会对中伤者恨之入骨，给予猛烈的还击；如果无力还击，他们会深感沮丧、憋屈，或者怀有强烈的敌意，活得压抑而痛苦。

不管自恋者如何反应，都表明他人的言语伤害、怠慢会对其心理产生巨大的影响。

自恋者的一大特征就是无限夸大自己的心理创伤。只要了解自恋者会无意识地陷入孤独与恐惧，便不难理解这些症状。

不相信自己的自恋者，会因他人无关痛痒的话而陷入心理恐慌，也会因他人的稍微怠慢而大为怨恨、气愤到失眠。

越是无比渴望得到他人的喜爱，在听到他人对自己有负面评价时就越震惊，尤其是当他们自以为对方很喜欢自己时，其震惊程度甚至会令他们当场昏厥。

有一位自恋的商务人士，自以为比其他同事更受上司赏识，没想到，该上司在背后说他比其他同事"差劲"。

得知此事，这名自恋者大受打击，当晚便开始酗酒，把自己的身体给喝垮了。

当然，即使是自信的人，在得知自己信任的上司在背后表达对自己不满时，也会感到落寞和沮丧："没想到这个上司会这样"，但也仅此而已，不会再有更大的情绪波动，这些流言蜚语并不能颠覆他们的人生，要不了多久便会成为"无关紧要的事"。

精神分析学家卡伦·霍妮（Karen Horney）[①]指出，神经症患者会赋予他人"不必要的重要性"，从这个角度看，自恋者明显具有神经症的特征。

非自恋者不会赋予他人"不必要的重要性"。

---

① 卡伦·霍妮（1885—1952），医学博士、心理学家和精神病学家，精神分析学说中新弗洛伊德主义的主要代表人物，著有《我们内心的冲突》等。——译者注

1.4　得不到想要的回答

自恋者非常在意他人是否赞美自己"真厉害"，而且对他人的批评过度敏感。

借用社会心理学家埃里希·弗洛姆（Erich Fromm）[1]的表述，自恋者只是在意他人对自己的反馈，并不真正在意他人。

也就是说，那些因他人的言差语错就情绪剧烈起伏、极难相处的人，以及那些总是心情欠佳的人，往往是自恋者。

此外，赋予他人"不必要的重要性"，致使自己的情绪被他人

---

[1]　埃里希·弗洛姆（1900—1980），人本主义哲学家和精神分析心理学家，是新弗洛伊德主义最重要的理论家，著有《逃避自由》等。——译者注

的言行所左右的人，往往也是自恋者。

自恋者对那些谈不上批评、顶多有点儿失礼的态度总是过度敏感，对他们而言，只要未被当作"伟大的人"加以郑重对待，就是对方失礼。

不仅如此，有时他人甚至谈不上失礼的态度，都会令其感到不快。比如，自恋者忘记某事，被人好心提醒，他们便会突然不开心。因此，经常有人说他们"脾气不好"。

不管条件如何优越，他们都活得很痛苦。俗话说："有人饮水开怀笑，有人衣锦愁苦闷"，后者正是自恋者的写照。

精神分析学家海因茨·科胡特（Heinz Kohut）①认为，自恋者的愤怒源于其未能成为绝对主宰者。

心理健康的人不会因自我价值被剥夺而感到愤怒[14]。这是因为，心理健康的人自我形象稳定，他们的情绪不容易被他人的言行所左右，不会因他人的一点提醒就感到不快。

---

① 海因茨·科胡特（1913—1981），自体心理学创始人，著有《自体的分析》等。——译者注

心理健康的人不会在现实世界中要求成为绝对主宰者，他们深知无人能避免挫折。

如果一个自恋者没有留意对方的神情便随口说"你看起来精神不错哦"，而对方却回答"哎呀，我肚子有点不舒服"，自恋者便会立刻不开心。因为自恋者能对某人说出"你看起来精神不错哦"这种话，表明他们相当重视这个人，而对方那样的回答自然不能令他们满意。

如果执着于成为绝对主宰者，自恋者便只能经常生气；如果仅仅因为自己未能成为绝对主宰者而不开心，那么他便只能一天到晚不开心。

"路怒症患者"平时可能表现得和蔼可亲、认真负责[15]，但他们会对别人的强行加塞或超车行为感到极端愤怒。

心理健康的人也会因此烦躁，但他们会很快释然；而自恋者却会因无法平息自己的愤怒而原地"爆炸"。

比如，如果在行车过程中被人超车，自恋者便会对那辆车穷追不舍。这是心理健康的人难以理解的。

总之，自恋者很容易受伤，并因此对他人产生强烈的愤怒情绪。在各类公共场所中发生的无端暴力事件，其背后可能就隐藏着受伤的自恋。

可是，这样的人在公司等其他场合，却会表现得和蔼可亲、认真负责，简直判若两人。

关于这一点，我将在后面从对内和对外两个角度进行说明——自恋者往往对内冷酷、对外迎合。

如前所述，平时，自恋者可能表现得和蔼可亲、认真负责，他们的愤怒常常因此受到压抑，无法直接发泄，而这会让他们变得消沉沮丧、自我怜悯、闷闷不乐。

更为不幸的是，由于自恋者缺乏与同伴间的心灵沟通，因此不具备普通人所具有的自愈能力。

对于那些还没发展出对客体的关注就长大了的人来说，这是一种悲剧。

1.5 不相信有人会帮助自己

自恋者缺乏精神科医生约翰·鲍尔比（John Bowlby）^①所说的"无意识地信任"，即相信自己遇到困难时会有人出手相助。

鲍尔比研究了对恐惧的敏感程度与有无依恋对象之间的关系。一般而言，当个体孤身一人时，"对任何事物的恐惧都会被放大"[16]。

自恋者便总是觉得自己孤零零的，虽然他们嘴上说着"我很了不起"，其实心中充满了恐惧。而"对恐惧的敏感程度，很大程

---

① 约翰·鲍尔比，英国精神病学家、心理学家、依恋理论创始人，著有《依恋》三部曲等。——译者注

度上取决于是否拥有依恋对象"[17]。

换言之，自恋者缺乏依恋对象，他们没有可以信任的人。

"自恋者"的英文单词"narcissist"源自希腊神话中的美少年纳西索斯。复仇女神涅墨西斯为了惩罚纳西索斯，让他爱上了自己在泉水中的倒影。最终，纳西索斯因迷恋自己的美貌跳入泉水溺亡。

自恋者看似自我陶醉，心底却只有孤独与恐惧。

自恋者如果"无意识地信任"他人会帮助自己，就不会动辄因他人不经意的言语受伤，也不会因一丁点儿小事就大动肝火，更不会因别人的评价而意志消沉。

正如弗洛姆所说，自恋的实质是"孤独与恐惧"。自恋者缺乏与他人的心灵沟通，他们因孤独而害怕现实。

如果别人没有时刻赞美自己、没有时刻对自己的言行表现出理解，自恋者便会感到不安。如果没有如愿得到表扬，自恋者的心态便会失衡，感到受伤与愤怒。

如果拥有所爱的人，自恋者便不会如此孤独与恐惧，也不会如此害怕他人的批评。

那些拥有牢固信任关系的人，即使被他人当面批评也不会感到深受伤害，更不会因受到无关痛痒的指责而暴跳如雷，或因怒火无法宣泄而心情抑郁，把自己封闭起来。

有时，我们会觉得某个人完全无法沟通。比如，有位妻子说自己无法和丈夫沟通，因为丈夫动不动就生气。这样的人一般在外面表现得很好，但他们的内心却充满孤独与恐惧，因此才会如此难以沟通。

1.6　希望他人关注自己

过去，人们一直将攻击性与低自我评价联系起来讨论。但近年来，在有些国家，人们在讨论攻击性时将关注的焦点转向了"自恋"[18]。

换言之，他们认为攻击性往往源自受伤的自恋。

相关调查结果表明，当自恋者的自我价值感受到威胁，即自恋受伤时，自恋者便会变得暴力[19]。

因自恋受伤而引发的愤怒不仅会在当时给自恋者造成强烈的伤害，还会对他们造成长期的心理创伤。当他们再次遇到不如意的事情时，这种心理创伤便会成为导火索，令其再次体验当时的那种暴怒。这种暴怒与当下的事情是没有什么因果关系的。

所以可能一点儿小事都会激起自恋者极大的怒意，让人无法理解"为什么这点儿小事就能把他气成那样"。

自恋受伤后引发的愤怒不断积压，使自恋者成为一点就着的"火药包"。

"自恋者的攻击性反应"[20]基本上是确凿无疑的，因而从自恋的角度去分析一些人的暴力行为便显得极为重要。

暴虐行为是一些自恋型青少年的典型行为[21]。要想弄明白他们的暴力行为，必须要对他们的自恋心理进行分析。不仅如此，与暴力有关的各类现象，大多也是由自恋受伤引发的[22]。因此，分析攻击性与自恋的关系极其重要[23]。

自恋型人格可分为两种，对此我将在后文中说明。这"两种自恋型人格的共同之处是希望他人关注自己"[24]。

也可以说，自恋者好出风头。

自恋者拼命努力，只是为了引起他人的注意，为此，他们不惜强迫自己做不喜欢的事情。他们渴望成为他人关注的焦点，这是他们的能量之源。

因自恋受伤而最终导致人生毁灭的案例屡见不鲜。那些总是发怒的成年人，很可能同样是自恋者。

很多在众人看来毫无道理的暴力事件，都是由施暴者的自恋受伤所引发的。施暴者往往因极度的愤怒而无法控制自己。夫妻间的家庭暴力，大多也是出于同样的原因——施暴者的自恋受到了伤害。其中一部分人，也可能是从小积累起来的怨气在作祟。自恋受伤后爆发出的怒火若是被强行压抑，将会残留在人的心底。

从恋爱中的流血事件到家庭暴力，自恋是隐藏在各类社会问题背后的根源。

1.7 攻击性越强的人，越是伤痕累累

"对大多数人来说，受伤的自恋在某种程度上是一种可以与性需求或生存需求相匹敌的驱动力"[25]。正因如此，受伤的自恋者才会变得"冷酷至极、残忍得令人发指"[26]。

假如一个人充满敌意、具有攻击性且要求极多，那么这个人很可能是自恋者。

具体而言，欲求不满的人、嫉妒心强的人、严重自卑的人、极具优越感的人、容易害羞的人、不温和的人等都可能是自恋者。

这里所说的温和，是指拥有正常的依恋关系、情绪稳定且不具有攻击性。

当然，并非所有容易受伤的人都是自恋者。在这个世界上，

生活着各式各样容易受伤的人。自我轻蔑的人或依赖心强的人同样容易受伤。

与"自恋与攻击性"相比，"依赖与敌意"的关系更广为人知。

只不过"依赖与敌意"和"自恋与攻击性"略有不同。依赖性敌意是指针对依恋对象的敌意——个体虽对依恋对象抱有敌意却无法离开依恋对象，于是一面对对方怀有敌意，一面无休止地纠缠对方。

正如与依恋对象的关系会影响人的一生，自恋同样会影响人的一生 [27]。

自恋者会把鸡毛蒜皮的小事演变成惊天大事，他们身边的人或许会大为不解："何以至此呢？"但在自恋者看来，自己的颜面遭到了无情的践踏，这等同于生死大事。

由于自恋者深陷自我陶醉，抱有虚假的自豪感，因此会因一些微不足道的话语而深感受伤。自恋者无意识的绝望感受到刺激所引发的愤怒是极其可怕的。

有时，自恋者会有意发表一些看法以期待别人的赞美，结果反而让自己出丑，这会让自恋者感受到强烈的屈辱感，由此引发的愤怒也极为可怕。

自恋者一旦因自恋受伤而感到愤怒，就必须通过某种方式发泄出来。除了前面提到的几种直接的发泄方式，自恋者还会通过一些间接的方式来发泄。间接发泄的方式有好多种，其中之一便是自我怜悯。

他们可能陷入自我怜悯，不停地悲鸣"我好痛苦，我好痛苦"。总之，他们要找人倾诉自己的痛苦。

然而，由于自恋者并不关心他人，因此无论这件事对他们而言如何痛苦，都与他人无关。但他们意识不到这一点，甚至不管对方是谁，他们都自顾自地倾诉"我好痛苦，我好痛苦"。

自恋者不厌其烦地悲鸣"我好痛苦，我好痛苦"，其实是一种自我推销，其目的是向他人展示自己痛苦的人生。

如果用一本书来形容自恋者，那么书名就应该叫作《我好痛苦》。

自恋者自幼缺乏与人沟通的经验，误以为向他人表达自己的感受就是与他人沟通。这种大肆倾诉自己的"惨状"的行为背后，其实隐藏着愤怒。

那些被禁止表达任何憎恶的人，终其一生都在诉说"我好痛苦，我好痛苦"。因为无论怎样诉苦，这些痛苦都不会消失，所以他们会一直不停地找人诉苦。

自恋者热衷于向他人倾诉自己的苦楚，却对他人的话充耳不闻。

自我怜悯的自恋者，会滔滔不绝地谈论他人毫无兴趣的话题。他们只顾自己说个不停，却完全不会倾听他人说话。

具有倾听他人说话的能力，是心理健康的一大指标。

有些父母总是对哭闹的孩子发脾气，甚至动辄对孩子施加暴力，这些施暴的父母很可能就是自恋者。

孩子有时会通过哭来宣泄情绪，他们在哭的时候心情会有所舒缓。

当孩子强忍着某种情绪却无人知晓时，便会通过哭闹来表达"你们快来关心我"的诉求。

由于自恋型父母没有能力倾听孩子在表达什么，所以才会对孩子发怒甚至施以暴力。

自恋型父母和非自恋型父母，养育孩子时的辛苦程度有着天壤之别。

1.8　过度关注消极的事物

对于自我怜悯的自恋者而言，最好的教诲当属美洲印第安人的生活方式。

我曾在哈佛大学图书馆看到过一本名为 *The Indian's Secrets of Health：or What The White Race May Learn From The Indian*[①] 的老书，此书出版于 1908 年，作者名叫乔治·沃顿·詹姆斯（George Wharton James）。

1992 年夏天，我又在哈佛大学皮博迪博物馆的图书馆内找到了该书的修订版。这本书中说，美洲印第安人从不夸大悲伤，而

---

① 书名可直译为《欧洲裔可以从印第安人身上学到什么》。——编者注

是通过不停地劳动来减少悲伤；他们从不过度表现悲伤，而是通过放大喜悦去弱化悲伤[28]。

美洲印第安人鼓励族人将注意力集中在积极的事物上，禁止他们过于关注消极的事物。

作者写道："他从不把注意力集中在消极事物上。他没有整天关注自己失去的那条腿，而是讲述他将如何活下去。"[29]

对于普通人而言，日常生活中多是无关痛痒的小事。而对于自恋者来说，几乎不存在无关紧要的事情。

在普通人看来无关紧要的事情，在自恋者看来可能就成了痛苦至极的大事。

自恋者不管做什么、说什么都喜欢小题大做，这正像他们不停地悲鸣"我好痛苦，我好痛苦"一样，他们其实是想博取同情、自我推销。

当自恋者这样做时，如果对方毫无反应或表现出不甚在意的样子，自恋者会感到简直比遭到体罚还要痛苦。

当自恋者试图博取同情却得不到同情时，会感到生不如死。当他们为了博取同情而诉苦时，假如对方回答："麻烦你替我考虑一下，每天都听到同样的话谁都会受不了的"，自恋者很可能会恼羞成怒，甚至做出极端行为。

总之，日常生活中的一切事情在自恋者眼中都非同小可，普通人眼里的日常事件，在他们这里就是"事态严重"。

任何人都有烦恼。不过，普通人的日常烦恼基本上不会变成什么大事，他们也不需要到处嚷嚷"我很烦，我很烦"。

自恋者在找人商量或向人倾诉时，基本上不会考虑对方的处境，因为他们认为只有自己身处烦恼之中。

正是由于自恋者对他人的处境视而不见，对人际关系的界限毫无知觉，他们才会随心所欲地找人倾诉，甚至找陌生人诉苦。

普通人清楚地知道自己在倾诉对象心中的位置，因而会选择合适的人倾诉，而且也不会把自己的倾诉欲摆在首位。

与此相反，自恋者认为自己的烦恼是最重要的问题，所有人都应该为解决这一问题而努力，所以他们既不会选择合适的倾诉对象，也不会前往咨询中心寻求帮助。

自恋者想当然地认为，他人与自己的成长环境是一样的，自然便会成为好朋友。他们不了解自己在他人心中的位置，也无法理解对他人来说自己就是个陌生人。

自恋者就这样总拿自己不当外人，然而他人却并不把他们当朋友。于是，自恋者便觉得很痛苦，觉得"这个人太过分了"，最终演变成控诉没有人理解他们，或者在别人根本没有担心他时，跑过去跟对方说"我没事"。

总之，自恋者往往意识不到他人的存在。但在意识到他人的存在后，自恋者却又独自烦恼"什么才是真正的自己"。

自恋者极其重视他人如何评价自己、如何看待自己。自恋者并不关注他人，却会极其严肃地对待他人随口说出的话，并因此深受伤害。他们虽然不关注他人，却渴望给他人留下美好的印象，因此时刻处于紧张状态，很难做到松弛自在。

自恋者比普通人更渴望给他人留下美好的印象，因此无法不在意他人随口说出的话。

他人的言行对自恋者和普通人的重要性和影响力有很大不同。

普通人能够适当地把他人的话当作耳旁风，继续按照自己的意愿行事；但自恋者却做不到这一点，他们总是被他人的言行所左右。

比如有人随口建议"可能走右边较好",自恋者通常会因为害怕被人讨厌,即使很不情愿也要往右走。

这时,如果那人又改口说"还是走左边好",自恋者的内心将极度混乱,产生强烈的不满:"我好不容易走到右边来,你又说左边好。"从心底生出怒意。

自恋者缺乏沟通的能力,他们无法对他人随口说出的话置若罔闻。借用心理学家戈登·奥尔波特(Gordon Allport)[①]的说法,叫作"威胁导向程度高"。

自恋者成长于无法培养沟通能力的人际环境中,时刻生活在"会出大事,会出大事"的威胁中。在这样的成长过程中,他们逐渐形成了一种"现实就是敌人"的错误观念,现实对他们而言是一种威胁。

同样的话,在战场上说出来与在和平年代的春季原野上说出来,含义是不一样的。

---

① 戈登·奥尔波特(1897—1967),美国著名心理学家,被誉为人格心理学之父,著有《偏见的本质》等。——译者注

在性命攸关的战场上，每一句话都意义重大，但在和平年代的春季原野上，人们很容易忘记刚才说过什么。

战场上的人们之间，沟通起来很顺畅；和平年代春季原野上的人们之间，沟通起来也很顺畅。

然而，春季原野上的人与战场上的人之间，沟通起来就不会那么顺畅了。

自恋者和普通人之间的沟通，就非常不顺畅。

认为现实充满威胁的人，与不这么认为的人之间的沟通，是不可能顺畅的。

所谓的沟通能力，是指对他人随口说出的话一笑了之，对他人认真讲述的事情严肃对待。不幸的是，自恋者缺乏这种能力。

总之，自恋者之所以在现实生活中经常发怒，就是因为自恋。

自恋原本就是人类天生的基本欲望之一，如果得不到满足便会使人痛苦。

那些在关爱中长大而逐渐消除了自恋的人，与那些在缺爱的环境中长大而没能消除自恋的人，他们每天要面对的痛苦有着天壤之别。

没能消除自恋的自恋者，每天都在烦恼，日复一日地被人际关系困扰。

例如，一个员工入职仅一周，便因人际关系问题而苦恼。为了改善人际关系，他试着讨好对方、处处用心、哭泣示弱，甚至强迫自己装好人，但都无济于事。如此一来，这个人自然会因"要忍到退休"而痛苦不已。

温柔本来是温情的自然流露，但自恋者却想当然地认为"我用心了，所以我很温柔"。

自恋者成长在缺乏心灵沟通的家庭中，因此不知道"一般情况下"要怎么做，他们误以为与人沟通就是展现"用心温柔的自己"。

1.9　不幸的童年经历

神经症患者在回忆童年的家庭状况时，常常会提到"父母的关系很不好，他们经常吵架"，并声称自己之所以患上神经症，罪魁祸首就是"关系糟糕的父母"。

具有强烈神经症倾向的人在谈论童年时，常常会提到父母的暴力行为。比如父亲因为一丁点儿小事就摔东西，母亲会拿刀威胁家人等。他们会没完没了地讲述自己童年时家庭的悲惨状况。

我经常听到这样的描述。

每当我做不出题，母亲便会逼我坐到书桌旁，把我骂个狗血淋头，拿扫把打我，还边哭边吼："你怎么这么没用，早知道这样就不生你了！"

我学习不好，他们总是拿我和聪明的孩子比较，然后把我打一顿。

父亲经常在晚饭时大发雷霆，甚至会把饭桌掀翻。母亲则歇斯底里地狂叫。

有人曾表示，直到和父母分开用餐后，"才第一次尝到饭菜的味道"。

孩子们百思不得其解，自己明明什么都没做，父母为什么总要殴打自己？

比如母亲吩咐孩子"把那个东西拿过来"，如果孩子没有立刻去做，便会遭到一顿毒打。

有上述恶劣行为的父母，大多是自恋者。

总之，自恋者极易发怒，他们会因普通人不会受伤的事情而受伤，会因一丁点儿小事就深感受伤。由于无力消化由此产生的愤怒，他们转而殴打毫无反抗能力的孩子。

自恋会引发连锁反应。人们常常讨论贫穷的连锁效应，殊不知自恋也具有连锁效应。只可惜，自恋的连锁效应没能像贫穷的连锁效应那样引起人们的广泛关注。

　　当自恋者遭受失败，并因此被人议论时，他们几乎会被气疯。

　　自恋者不同于常人，对他们而言，承认自己的失败是极其危险和不快的事情，是威胁到其自身存在的重大危机。因为承认自己的失败将破坏其夸大的自我形象，这等于毁掉他们自我陶醉并存在于世的基础，由此带来的不快会令他们感觉生不如死。

　　弗洛姆指出，自恋者的自恋程度越严重，就越无法承认自己的失败，越无法接受他人正当的批评[30]。

　　即使别人说的话并不是对他的批评，自恋者也会受伤，更何况是真正的批评。所以，无论是多么小的失败，只要遭到批评，自恋者内心的怒火都会瞬间燃起。

　　然而，我们的日常生活中难免出现大大小小的失败。如果不肯承认它们的存在，就要为了否认现实而消耗能量。

　　正如弗洛姆所言，自恋程度越严重，便越无力承认自己失败的事实[31]。由此可见，失败给自恋者带来的伤害有多深。

　　自恋者不仅无法承认自己的失败，也无法承认自己给他人造成的危害。同时，他们也无法承认自己受了他人的恩惠。总之，在与他人的关系中，自恋者绝不会有感恩之心。

这是因为自恋者根本意识不到自己的行为在他人眼中是怎样的，他们意识不到自己强撑的样子在他人看来是何等幼稚。

他们否认现实，对现实视而不见。

在自恋者眼中，自己很厉害，这一信念一旦坍塌，他们便无法生存，所以自恋者会紧紧抓住光辉的自我形象不放。但是普通人意识不到这一点，因此会觉得不可思议："他干吗为了这么点儿事生这么大的气？"

我在前面描写过神经症患者的自恋型父母，这些父母往往都不会承认自己的孩子是受害者，而自己是施害者。

有个人告诉我，他只要对母亲稍不顺从，母亲便会追到二楼的儿童房骂他三遍"去死吧"。

这个人说："只要远远地听到母亲的声音或脚步声，我便会吓得喘不过气来。"即便如此，这位自恋的母亲也不承认自己伤害了孩子，反而说"我明明那么爱你"。在她的自我概念里，自己是"一位优秀的母亲"。

有一个女孩，每当她向父亲表示自己不想上学时，父亲便会骂她："再说这种莫名其妙的话就打死你。"这个女孩经常被打得伤痕累累。

这样的父母，认为孩子厌学是父母的失败。但对于自己的行为给孩子造成的伤害却完全视而不见。

1.10 无法承认自己的失败

我想从另一个角度谈谈"自恋与攻击性"的关系。

有一个美国的自恋者，每当他囊中羞涩时，便会让国外的留学生长期寄宿在自己家里。

寄宿在他家的留学生，并非自愿逗留在美国。考虑到日美学校制度上的差异，日本留学生长期待在美国会出现各种不利的情况。比如可能失去在自己国家的学位。所以应该尽早让他回国。

但这位美国自恋者不给寄宿在他家的留学生提供任何照顾，只收取高额的费用。在他眼中，留学生的现实需求如同不存在，对方只是他的摇钱树而已，除此之外没有任何其他意义。

对自恋者而言，唯一的现实就是其自身的利益。

以上仅是我旅居美国期间的一段亲身经历，并不代表我认为所有的美国人都是自恋者。

对一般人而言，不接受现实就活不下去。然而，对自恋者而言，接受现实就会活不下去。这是一种进退维谷的心理状态。

有一个自恋者在风烛残年之际，叹息着自己"再也无能为力了"。在内心深处，他一直对自己非常绝望，却长年硬撑着那个"了不起的我"，直到此时"再也无能为力了"为止。

自恋者为什么无法承认自己的失败呢?

这是因为，对他们而言，哪怕再小的失败都会威胁其自身的存在。

自恋者无法接受他人的正当批评，也是出于同样的心理。因为无论怎样的批评，他们都会感到威胁他们自身的存在。

事实上，如果不能接受正当的批评，人就会被社会慢慢孤立。

如果不管他人的批评正当与否都一律抗拒，那么这个人将永远无法心平气和地生活。

自恋者在受到批评时会表现得比普通人更愤怒。这是因为他们在遭到批评时会比普通人感受到更大的威胁。

自恋者认为别人的批评威胁到了自己的存在，因此对所有批评都感到强烈的愤怒。我之前提到过，对于这种愤怒，自恋者有时会直接通过暴力来宣泄，而当无法直接宣泄时便会郁结于内心。

当个体不能将攻击性转向外部时，便会陷入抑郁。

"因自恋受伤而产生的愤怒，其替代品有且只有一个，那就是'抑郁'。自恋者通过骄傲自大来理解'做自己'意味着什么。"[32]

尤其是老年人的抑郁症，恐怕就是自恋受伤后产生的愤怒，长年累月累积下来的结果。他们除了整日闷闷不乐，不知道还可以怎么活着。

由于孤独，自恋者害怕直接表现出愤怒会破坏与他人的关系。当然，间接宣泄愤怒的方式还有很多，并不只有抑郁一种。

正如卡伦·霍妮所言，神经症患者对挫折的反应之一便是自我怜悯，自我怜悯是神经症患者消除不满的常用方法[33]。

自恋者不断地悲鸣"我是如此悲惨，我是如此痛苦"，正是自我怜悯的表现。

自我怜悯，可谓是自恋者宣泄愤怒的一种极其有效的方法，它既可以满足他们不停诉苦的欲望，又可以让他们间接地发泄怒火。

而自恋者在间接发泄愤怒时，往往会更深地陷入自我怜悯。

自我怜悯、自恋、羞耻心、自我执着等术语，表现的是同一种心理现象的不同侧面。自恋的具体表现就包括自我怜悯、羞耻心以及自我执着。

此外，虚荣心也是自恋的表现之一。

不过，正如心理学家乔治·温伯格（George Weinberg）[①]所指出的那样，自我怜悯的人反复悲鸣"我是如此悲惨，我是如此痛苦"，对周围的人来说是个很大的困扰。

可是，当自恋者自我怜悯地讲述自己如何痛苦时，如果周围的人露出不耐烦的表情，他们内心就会感到痛不欲生，同时恨不得置对方于死地。

如前所述，自恋者之所以要不停地诉苦，源于他们无意识的需要。如果不这么做，他们就无法生存下去。

---

① 乔治·温伯格（1929—2017），心理学家，著有《心理治疗的核心》等。——译者注

他们哀鸣的"我是如此痛苦",其实是在表达"帮帮我"的意思。

他人不耐烦的神情,在自恋者看来,无异于他人拒绝了自己的求助并要自己"滚远点儿"。

正因如此,自恋者才会悲鸣"没有人理解我"。

事实上,表现出不耐烦的人,可能完全不了解自恋者的这种心情。

这种情绪上的迥异和分歧,不仅发生在成年人之间,也发生在亲子之间。

有些父母并非故意虐待自己的孩子,而是他们自己也不知该如何是好,也在呐喊"帮帮我"。这些父母和孩子都生活在悲剧中。

1.11 认为"我做不到""我真的不行"

当子女不按照父母的自恋要求行事时，自恋型父母便会陷入恐慌。在普通人看来，完全不至于有如此反应。

哪怕是鸡毛蒜皮的小事，自恋型父母也无法容忍。他们会因为一件微不足道的小事而勃然大怒，除了发怒，他们不知道还能如何应对。

那些能在母亲的帮助下化解痛苦、消除自恋的人，与那些没有幸运地拥有这样好母亲的人，其人生境遇将完全不同。

人类悲剧的根源，在于人们误以为所有人的人生都是一样的。这种人与人之间的差异，远比文化的差异、宗教的差异乃至肤色的差异，更妨碍人们之间的相互理解。

只有在成长过程中消除自恋的人与高度自恋者之间能够相互理解时，世界才会迎来真正的和平。

从这个意义上讲，或许理解自恋才是人类的终极课题。

温伯格曾说："'怎么可能做到'和'我真的无能为力'这两句话，是自我怜悯最确切的征兆。"[34]

这也是抑郁症的表现，抑郁症患者通常会把可能做不到的事情说成"肯定做不到"。类似的表现还有：过多地谈论自己的问题，过多地考虑自己的问题，绞尽脑汁地博取他人的同情，等等[35]。

温伯格并不是在解释自恋，但这些观点却极为适合解释自恋。

自恋者在无意识层面其实能感觉到自己的生活不太如意，但只要他们还能进行自我陶醉，就可以成功地在意识上忽略这一点。

我一再强调，自我陶醉是自恋者的一种无意识需要。为了防止无意识的绝望感进入意识层面，他们必须自我陶醉。这是一种带有强迫性质的自我陶醉。如果脱离这种自我陶醉，他们便无法生存下去。

这就是普通人的自我陶醉与自恋者的自我陶醉之间的不同之处。

如前文中所述，乔治·沃顿·詹姆斯100多年前在他的书中[36]讨论了美洲印第安人的教诲，其中就有一条："印第安人的字典里没有自我怜悯"[37, 38]。

自我怜悯使人总是试图用负面情绪操纵他人，通过强调"我是如此痛苦"来博取周围人的同情。

作者乔治·沃顿·詹姆斯坦言，上述行为都是"顽疾"。在他看来，无休止地抱怨，反复声称过去有多好，整日为无法改变的事情唉声叹气，等等，都是"病"[39]。

只不过，这些不是身体的疾病，而是心理的疾病。

反观印第安人，尽管生活很简朴，却活得精神抖擞。

遗憾的是，自恋者是活给别人看的，无法简朴。

自恋者对与自己有关的一切表现出同等的执念，如自己的房子、自己的知识、自己的观念以及自己的兴趣范围等。

排在第一位的，是对自身所有物的执念，如自己的身体、自己的形象、自己的成就等。

自恋型父母会在自己的孩子被人贬低时大发雷霆，但这并不表示他们疼爱自己的孩子。

自恋者在他人贬低自己的朋友时也会愤怒，这同样不代表他们有多么看重这个朋友，也不意味着他们和这个人相处时感到多么快乐，更不表示他们和这个人心灵相通。

孩子们会因他人随意玩弄自己的玩具而生气，但有时他们自己也粗暴地玩弄自己的玩具。自恋者与"自我"的关系也是如此。对自恋者而言，自己和属于自己的事物是唯一的现实，但他们并不珍视自己。尽管自恋者在被他人贬低时会勃然大怒，但他们在生活中却没有那么爱护自己。

他们像小婴儿一样什么都想要，但这并不意味着他们真的喜欢这些东西。

人只有拥有自己喜欢的事物，才会产生"外界"的概念。

比如在沙坑里玩耍的孩童，他们在建造出某个东西后，便会立刻宣布"这里不许进来"。

人只有在内心建造出某个东西后，才能看到外界。而自恋者的心中缺乏这个"东西"。

年幼的孩子什么都想拥有"自己的"。他们不愿意和哥哥共用一个杯子喝水，嚷嚷着要"自己的杯子"；他们会拒绝接受哥哥

　　分享的半块巧克力，而想拥有"自己的巧克力"。年幼的孩子会要求购买"自己的东西"。同时，当"自己的东西"被粗鲁对待时，他们会大发雷霆。

　　但他们自己会不会珍惜那个杯子呢？答案是否定的；如果有人损坏了"自己的圆珠笔"，年幼的孩子会非常生气，但他们自己却并不珍惜那支笔。

　　事实上，他们在意的并不是那支圆珠笔，而是"自己的东西"。

1.12 对他人的批评过于敏感

弗洛姆指出，自恋者"对任何批评都过度敏感"，后来，他又针对这种过度敏感写道："无论是多么正确的批评，他们都会予以否定，同时表现出愤怒和抑郁。"[40]

自恋者确实倾向于否定任何批评，但有一点必须指出：他们不会说明自己否定的依据。换言之，自恋者会毫无根据地大声指责他人，固执地坚持自己的主张。

一般人在毫无依据的情况下，不会也无法批评他人的观点。如果他们高声批评他人，那一定是有某种依据的。即使没有依据，他们也会谎称有依据。

而高度自恋者面对任何批评，都能面不改色地反驳："都是胡说八道。"一般而言，"自恋程度越高的人就越不能接受正当的批评。"[41]

不仅如此，如果有人拿出依据来批评他们，他们便会大喊"有人恐吓我"，因为他们自己就总是恐吓弱者。当然，自恋者是绝对不会承认自己恐吓弱者的。

从这个意义上讲，自恋者身上存在着各种压抑行为。比如，他们内心深处其实知道自己曾经恐吓弱者，但他们就是不承认。

于是，他们就把这种行为投射到周围的人身上，批评他人恐吓别人，然后以受害者的姿态，大喊"我受到了恐吓"。

自恋者拒绝承认事实，他们会直接劈头盖脸地指责、辱骂那些发表不利于他们的言论的人。

假如有人试图让自恋者正视现实，他们便会怒斥对方"卑鄙"。但究竟别人哪里卑鄙，他们却说不上来。总之，自恋者会用尽一切恶毒的言语来指责对方。

自恋者之所以激烈地指责他人卑鄙，是因为他们内心深处知道自己才是卑鄙小人。

他们把"自己是卑鄙小人"这一自我意识深深地压抑在心底，

驱赶到无意识里，然后投射到周围人的身上，大喊"那个家伙是卑鄙小人"。

总之，高度自恋者的特征之一，就是毫无根据地大声指责他人。

自恋者能如此毫无根据、声嘶力竭地指责他人，说明其防御意识非常强，时刻感到自我价值被剥夺。

这便是自恋者心底的"孤独与恐惧"。

也有人说他们只是情绪容易激动的人，但情绪容易激动的普通人通常是能够接受别人批评的。在这一点上，自恋者与情绪容易激动的普通人有着明显的不同。

弗洛姆指出："无论其自恋的表现形式如何，所有自恋者有一个共同之处，即他们对外界缺乏真正的关心。"[42]

1.13 透过受损的滤镜看世界

与自恋者讨论问题，最让人头疼的莫过于他们对"真相是什么"毫无兴趣。

"那个人究竟想说什么？""那个人是不是在说谎？"这些疑问绝不会出现在自恋者的脑海中，因为他们对此毫不关心。

自恋者只是一味指责对自己不利的人，这源于他们被压抑的"孤独与恐惧"。

即使对方明确指出"是这么一回事"，自恋者也毫不关心。因为"他们通常根本就没有在听别人讲话，也不会表现出真正的关心。"[43]

与其说自恋者不关心别人，不如说他们不关心自己以外的现

实，因而对外界随意解释。比如，自恋者会想当然地认为"这个
人是这样的"或"这个家庭是这样的"。事实上，他们既不关心这
个人是什么样的，也不关心这个家庭是什么样的。

自恋者会随意解释现实，以使一切都符合其自恋的自我形象。
即使他们所说的明显不是事实，他们也能若无其事地坚持："毫无
疑问，这明显就是事实。"

在周围的人看来，这种独断与偏见是异常可怕的。

他们试图让现实与自己的自恋愿望保持一致，换言之，他们
按照自己的自恋愿望改造现实。

用卡伦·霍妮的术语来说，这便是心理防御机制之一的"外
化"。通俗地讲，就是把自己内心发生的事情看成外界发生的。

人们不明白他们"为什么能做出这样的解释"，但自恋者本人
就是那么认为的。他们既不关心现实，又一心想让现实符合其自
恋愿望，这就不可避免地导致独断和偏见。

尽管我在此处使用了"独断"和"偏见"这两个词，但其真
正含义要比这两个词的原意更极端，表现的是一个与事实完全不
符的世界。

自恋者生活在想象的世界里，生活在根据自己的自恋愿望随意创造出的"现实"中，几乎接近妄想。

而且，在与人发生争执时，他们的自恋会变得尤为严重。

"人必须赋予自己比其他任何人都要高的重要性，不然哪里有精力与兴趣来保护自己不被侵害，为自己的存在而工作，为自己的生存而斗争，对抗他人的主张以贯彻自己的主张呢？"[44]

在正常环境中长大的人，其能量的来源会自然地从自恋转变为爱。但自恋者由于迟迟未能发展出"爱的能力"，因此他们只能通过自恋获取能量。

自恋者"对抗他人的主张以贯彻自己的主张"的能量来源于自恋，而且这种能量大得惊人。

正因如此，每当自恋者与人发生争执，即使毫无事实根据，他们也能激情昂扬地坚持自己的主张。

普通人清楚地知道自己理想中的世界和现实世界之间存在着差距，但自恋者却认为自己想要什么样的世界，现实世界就是什么样的。

自恋受伤对自恋者来说是生死攸关的大事。弗洛姆指出，自恋受伤的后果是"要么暴怒，要么抑郁"。

弗洛姆认为，自恋者会通过多种方式避免陷入抑郁。

"其中一种便是提高自恋强度，以避免外界的批评和失败伤害自己。换言之，就是增强自恋的力量以抵御威胁。"[45]

如此一来，事态便会变得不可收拾。自恋者变得越来越自恋，把假的说成真的，甚至理直气壮地称他人摆出的事实是"胡说八道"。

凡是对自恋者有利的事情，他们便会坚持是完全正确的；凡是对他们不利的事情，他们便会狡辩"明显都是错误的"。

比如 A 与一个自恋者发生了争执，当自恋者的自恋开始受伤，那么即使 A 从未去过某个地方，自恋者也会坚称"你之前就在那里"——自恋者的思维模式就是如此不可理喻。

到最后，自恋者甚至连不是自己的东西也开始主张是自己的。

人们可能会问："这不是有精神病吗？"事实上，自恋者最后很可能会发展到类似精神病的状态。这意味着他们"宁可患上精神病，也要保护自己免受抑郁症的威胁"[46]。

就这样，自恋者丧失了与世界的联结。

"其结果是，自恋者成为孤家寡人，因此极易受到惊吓。只有了解了这一点，我们才能充分理解他们的愤怒为何如此强烈。"[47]

总之，对普通人而言无关痛痒的事情，却会令高度自恋者暴跳如雷、横眉立目。他们的怒火异常猛烈，普通人根本抵挡不住。

所谓"孤家寡人，因此极易受到惊吓"，正说明自恋者始终处在提心吊胆的状态。因此，普通人心平气和的话语也会被自恋者解读为带有攻击性；别人根本没有抱怨的意思也会被自恋者理解为在抱怨，甚至会被他们解读为恐吓；别人明明毫无责备之意，自恋者也会认为自己受到了指责。

由此可见，自恋者的内心多么恐惧。

看到自恋者无缘无故地对人破口大骂，一般人都会感到害怕。但其实自恋者的内心也充满了恐惧，只不过我们看不见罢了。

1.14　内心恐惧，过度报复

弗洛姆认为，自恋者自我陶醉的代价是"孤独与恐惧"[48]。他们拒绝承认现实，孤独是理所当然的。

自恋者的行为看似随心所欲，其实他们内心对周围的世界充满恐惧。不管他们如何肆无忌惮地大喊大叫，都摆脱不了巨大的压力。

这是因为，"当他们的自恋受伤时，会觉得自己整个人的存在都受到了威胁"[49]。

自恋者表面上威风凛凛，不是肆意谩骂他人，就是歇斯底里地大喊大叫，其实这正是源于他们在日常生活中感到极大的压力，内心难以松弛下来。

他们恐惧与其对立的人，所以对方便成了他们暴怒的源头。而且，自恋者会试图毁灭威胁到自己存在的人，具体就表现为气势汹汹的辱骂。

在自恋受伤后寻求报复的过程中，自恋者的自恋将转化为强大的攻击性[50]，这才是自恋真正可怕的地方。

可能很多读者会对我描述的"不是自己的东西也开始主张是自己的"等内容表示质疑："真的会这样吗？"事实是，受伤的自恋，其可怕程度远非常人所能想象。

被"孤独与恐惧"折磨的自恋者是毫无希望的，他们的全部能量都消耗在维护自己的个人形象上，何谈对未来的希望？

当"自恋受伤时，会具有某种特殊属性，自恋者必须采取明确的行动，才能使伤口愈合"[51]。

譬如对于家庭暴力，正是因为其中掺杂了受伤自恋的可怕能量。如果仅从依赖性敌意的角度，恐怕解释不了为何当事人会如此残忍，并"常常会演变为无穷无尽的报复"[52]，而且还是肆无忌惮的报复。

自恋者为了疗愈自己心灵上的创伤，可以丝毫不顾他人的感受。

对于自恋者而言，自恋受伤就如同"卡在喉咙里的鱼刺"[53]，必须采取行动消除不可。

一旦自恋受伤，自恋者便会无休止地开展报复。

第二章

戒掉自恋，拥抱松弛

TWO

并非单纯的"自命不凡"，
而是更深层次的问题

2.1 虽渴望得到表扬和认可，但不想努力

如前所述，自恋的定义有很多种，其中，罗洛·梅曾表示："我们将虚荣心和自恋倾向定义为渴望得到表扬的强迫性欲望"[1]。

渴望得到表扬的强迫性欲望，是指即使告诫自己不要这样也无济于事——他们无法让自己停止这种渴望。

如果得不到表扬和赞美，自恋者便会觉得索然无味、沮丧抑郁，他们会因得不到自己期待的表扬和赞美而心怀怨恨。

如此一来，周围的世界自然就成了他们的对立面。因为在个体长大成人后，基本上不会有人按照他们的期望表扬他们。

自恋者即使是被对手夸奖也会很开心。他们虽然厌恶周围的人，但在受到表扬时依然会很高兴。

打个比方说，自恋者家里半夜进了贼，他为了活命给这个贼做饭吃。这时，如果这个贼夸奖他做的饭菜不错，自恋者便会很开心。

自恋者就是这样的莫名其妙。

由于自恋者做任何事首先考虑的都是"要得到表扬"，因此他们比普通人更容易受伤。

他们之所以只关心能否得到表扬，是因为他们只有得到表扬才能确认自己的存在。在自恋者看来，唯有他人的赞美才是自我存在的有力证明。

因此，对于他们来说，受到批评便等于其自我存在的证明被否定，他们内心由此而生的愤怒与沮丧，远非心理健康的人所能想象。

自恋者最憎恨和厌恶否定其生活方式的人。当然，他人其实很可能并没有这个意思，只不过就自恋者的某一行为发表了意见或建议而已。

因此，也许简单的一句"你只要这样做就行"，就能引发自恋者的怒火。

如果不能得到表扬，自恋者就无法感受到自己的存在，他们需要一个无条件赞美自己的人。

在心理健康的人眼里，即使得到表扬也不会改变现实，但自恋者对此的看法却截然不同。

借用哈佛大学教授埃伦·兰格（Ellen Langer）[①]的话说，自恋者是典型的具有"潜念"（mindlessness）特征的人。

换言之，自恋者只能从单一视角看待事物，即"是否赞美自己"这个视角。他们无法从多个角度看待事物。

不仅如此，自恋者还毫无主见，得到了表扬就会开心，得不到表扬就怀恨在心。

只要是自己不满的人提出的意见，自恋者都会反对——这并不是因为他们持有不同的意见，而仅仅是因为他们不喜欢提出意见的人。

由于没有主见，自恋者会根据他人对自己的态度不断改变立

---

① 埃伦·兰格，哈佛大学心理学教授、积极心理学的奠基人之一，被誉为"正念之母"，著有《专念》三部曲等。——译者注

场。如果他们对父母反感，他们便会反对父母的意见，但如果此时有人赞美了自己，而那个人的意见刚好和父母的意见相同，他们便又会赞同这个意见。

《伊索寓言》中有一则"乌鸦和狐狸"的故事。

乌鸦衔着肉站在树枝上，一只狐狸来到树下，对乌鸦说："您的身姿真曼妙，真是太美丽了！只有您才有资格成为鸟中之王。您的声音也一定很动听吧？如果您的声音和您的身姿一样优美，那您真是当之无愧的鸟中之王。"乌鸦听罢，急于让狐狸听听它动听的声音，张口发出"啊——啊——"的声音，于是嘴里的肉掉了下去。

自恋者也会如此，由于"渴望得到表扬，一旦得到表扬便会心花怒放"，而失去人生中最重要的东西。

2.2　没钱也要买钻石

有的母亲连孩子的一日三餐都不管，却热衷于参加家校联合会的各种活动。

有的妻子置自己生病的丈夫不顾，却热衷于参与志愿者活动。

这些人都在试图满足自己的自恋需求，渴望得到表扬。在她们的眼中，得到表扬远比孩子和丈夫的健康更重要。总之，自恋者渴望时刻得到表扬，渴望生活在令自己身心愉悦的赞美中。

自恋型男性如果认为送钻石能让女性开心，那么即使他们身无分文、债台高筑，也会为异性购买钻石。

在那些热衷于参与"被认为高尚的行动"的人中，有时会有一些心理极其幼稚的人。这些人除了渴望得到表扬，其他什么都不在乎。

对他们而言，能否得到表扬的重要程度不亚于是否会丢掉性命。倘若得不到表扬，他们就活不下去。

要想得到真正的认可，踏实的努力是不可或缺的。但自恋者却做不到这一点。

在自恋者看来，被表扬是自己存在的证明。由此衍生出另一个非常重要的自恋特征，即依存心理（或称依赖心理）。自恋者的依存心理非常强烈。

人们常说，每天都在烦恼的人是以自我为中心的人。换言之，每天都在烦恼的人都是自恋者。

这其中包含一个重要的特征，即烦恼者缺乏自己解决问题的意志。他们把精力放在诉苦上面，却从未想过要自己解决问题。

自恋者总是在试图寻求他人的帮助，悲鸣着"谁来帮我解决烦恼啊"。接着，他们便会找到这样一个人（或团体），这个人（或团体）能理解他们其他人所不能理解的烦恼，并帮助他们解决烦恼。

自恋者的自我陶醉只是表面上的，其内心却在孤独地悲鸣

"谁来解决我的烦恼"。

自恋者十分被动，没有自己解决问题的意志，因而才会寻求能帮其解决烦恼的人。

换言之，自恋者所追求的是有人对自己感同身受、站在自己一边，并让自己彻底放心的状态。

自恋者完全依靠他人生存。这种依赖心理是如此强大，心理健康的人基本上理解不了。

从这个意义上讲，高度自恋者丧失了基本的生存能力。

每天都在烦恼的人虽然是被动的自恋者，但他们潜意识里清楚自己的任性；表面上自我陶醉的自恋者，在无意识中清楚自己是被动者。

自恋者无意识的嫉妒心极强，因此无法与人坦诚相对，但事实上他们却在期待他人的鼓励。

他们的抗逆力很差，完全依赖他人生存。他们没有勇气直面逆境，而是倾向于通过自己的一套解释来逃避逆境。

2.3 "我要征服世界"的背后是脆弱

弗洛姆所描述的自恋者，把自我形象当作其依恋的对象。因此，自恋程度越高，自恋者就越无法承认自己的失败，越无法接受他人的正当批评。

弗洛姆认为，自恋会以极其危险的形式表现出来，即"歪曲合理的判断"[2]。

这是"自己的现实是唯一的现实"所导致的结果。

明明他的话题无聊透顶，但"自恋者表现出的态度却仿佛他说的话有趣至极"[3]。

因此，倘若对方没有流露出感到"有趣至极"的表情，自恋者便会很不开心，认为对方的水平太低。对于水平很低的人，自恋者通常不能容忍。

他们嘴上说着"我绝不原谅水平那么低的家伙",但事实上,他们的"绝不原谅"只是因为对方没有表扬自己。

自恋者总是自命不凡,但这归根结底都只是自满,而不是真的自信。

由于批评意味着"你其实没那么厉害",因此自恋者会把批评看作"恶意的攻击"[4]。

人的自信来源于各种体验与经验,来源于克服困难时展现出的力量;而自命不凡不涉及任何体验和经验,有的只是"想要变成这样"的愿望。

通常,人们只是由于不想招惹这些人,才不去反驳他们的言论和主张,而是对他们虚言附和、权且表示同意。然而,自恋者却摸不透其中的缘由,自满地以为"我很厉害"。

同时,由于批评会刺激他们无意识的孤独、不安以及绝望感,因此他们"绝不原谅"批评自己的人。

弗洛姆在区分自恋者时指出,自恋者"对任何批评都过度敏感",但其中的"隐性自恋者"却很难识别,因为他们虽然拒不接受他人的批评,却表现得很谦逊。

但外表谦逊的隐性自恋者，也会因得不到表扬而受伤。正因如此，弗洛姆才说，他们谦逊的背后隐藏着自我崇拜。

自恋者可分为两类：显性自恋者和隐性自恋者。前者拥有狂傲的自我形象；后者过度敏感且容易受伤。两者都存在心理方面的问题，以及由此引发的各种不同形式的障碍。

在日本，后一种自恋者更为常见。这类过度敏感的人通常表现得很内向、充满防御性。

这两类自恋者看似截然不同，但他们却具有一个核心共同点：自命不凡，对他人漠不关心[5]。

这两类自恋是有内在关联的，他们的内心都被孤独与恐惧所占据。

自恋者如果不表现出一副"我要征服世界"的姿态，就无法面对现实，但他们本质上依然是脆弱且容易受伤的。

苏黎世大学的尤尔克·维利（Jurg Willi）教授的表述虽有不同，但也认为自恋者具有两个不同的侧面。他指出："如果仔细观察他们，便会发现他们并不是那么低调，反而时常陷入夸张的空想中。他们为此感到羞愧，并背负极大的罪恶感"[6]。

2.4 你最在乎的那个人是谁

自恋者渴望得到表扬，过度需要别人的赞美。但再多的表扬都无法使他们满足。正如温伯格所说："哪怕得到一百万人的表扬，他们也还是没有自信。"的确如此，自恋者即使得到一百万人的赞美，也无法建立自信。

这是因为他们不关心任何人，一百万人的表扬对他们而言无异于一百万个机器人的表扬。

如果赞美来自机器人，那么赞美他们的是十万个机器人还是一千万个机器人，效果并没有什么差别。

心理健康的人得到重要他人的表扬，会因为真实的自己被对方接受而获得自信，与对方产生心灵共鸣。由于已经被对方接受，因此即使被批评，心理健康的人也不会如自恋者那般受伤。

对于心理健康的人而言，得到"那个人"的表扬与得到"这个人"的表扬，其意义是完全不同的。

被特定的"那个人"接受，意味着自己与对方建立起了心灵沟通。只要能被"那个人"接受，个体就有了赖以生存的根基，即使其他人都不接受自己，心理健康的人也不会像自恋者那般遭受重创。

然而，对于自恋者而言，任何人都不具有固有的人格，哪个人都是一样的。所以，自恋者即使获得一百万人的赞美，也无法建立自信。

心理健康的人即使因被忽视或被批评而暂时不快，但只要想到"那个人"是接受自己的，不快的情绪就会瞬间烟消云散，自己就会重新振作起来。这样一来，他们就不会为了被他人接受而刻意迎合他人，甚至不惜背叛真正的自己。

对于男性自恋者而言，即使有一百万个女性对他说"我当着你的面，摸着我的良心发誓我爱你"，也无助于其建立自信。

这是因为，自恋者与发誓爱他的人之间没有信任关系，他们之间缺乏心灵沟通。

即使是恋爱中的两个人，如果缺乏心灵沟通，一方爱的誓言也无助于另一方建立自信。

心理健康的人一旦得到"那个人"许下的爱的誓言，便有了强大的心理支撑，即便从此没有其他任何人的赞美，也能好好地生活下去。

可惜的是，自恋者不拥有这样的依恋对象；自恋者没有特定的"那个人"。所以，他们即使获得赞美，也无法建立自信。

2.5　评判自恋程度的 8 个指标

自我存在感缺失的人，一旦拥有昂贵的装饰品，便会迫不及待地向周围的人炫耀。

在自我存在感缺失的情况下，独自体验美好会让个体感到不安，只有当别人确认这一体验后，他才能放下心来。

自恋者便是这种自我意识淡薄性格的典型代表之一。如果无法一直得到他人的表扬，自恋者便会坐立不安。然后，他们会由于渴望得到表扬而误入歧途。

因此，个体自我实现的最大障碍就是自恋。

由于过分追求赞美，聚集在自恋者周围的便只剩下阿谀奉承的人[7]。

根据哈佛大学的人格论教科书《人格》（*Personality*）中记载的有关自恋的内容[8]，我们可以从以下 8 个方面评判个体的自恋程度。

（1）总是琢磨其他人如何看待自己以及自己在他人心中留下了怎样的印象

自恋者只有在他人表扬自己时才能获得能量；只有在试图给他人留下美好的印象时才会释放能量。

当然，自恋者努力讨好他人，并不一定就能让他人对其另眼相看。

如果努力了，却依然得不到他人的赞美，甚至反遭蔑视，此时，感觉受伤便是再正常不过的事情。

总是有这样的人，别人明明没怎么留意他，他却在那里纠结自己给对方留下了什么样的印象。

就连偶遇旧日好友，自恋者也会过分在意一些无关紧要的事情，比如产生"我是不是看起来太寒酸了？""被他撞见我独自一人，他会不会认为我没有朋友？""我最近看起来很疲惫，他会不会觉得我无能？"等顾虑。

自恋者无时无刻不在顾虑他人是如何看待自己的。

可能有人会在心里反驳："谁都会有这样想的时候。"确实如此，但很少有人会因为惦记这类事情而忘记重要的任务，或者因为思虑这些事情而身心俱疲。

心理健康的人会把能量用在自我实现上，不会刻意为了给他人留下好印象而浪费能量。

而自恋者却会因为琢磨是否给他人留下了好印象而忘记原本应该做的事情——眼下的"控场"已经弄得他们焦头烂额了。

他们热衷于当时表现得像个大人物一样，甚至会不假思索地答应别人超出自己能力范围的事情，导致过后背上很大的负担。

他们为了维护自己的形象，当场该问的事情也开不了口，他们会暗自揣度"问这样的问题会被人当成傻瓜吧"，最终错过时机。或者他们连要提问这件事都给忘记了。

大多数人都很在意别人是如何看待自己的。但据我了解，并没有哪个人因此被扣上"自恋者"的帽子。

我年轻时在一本书中读到过这样一句话："失败并非悲剧，只有当个体在意他人如何看待失败的自己时,失败才会变成悲剧。"
我顿觉醍醐灌顶,惊呼确实如此。不过很可惜,我现在已经记不
起这本书的作者是谁,也记不起书名了。

我在高考复读时真的很痛苦。但仔细一想,与其说是复读本
身让我很痛苦,不如说是因为害怕被大家嘲笑"那家伙是个复读
生!"才痛苦。

事实与如何看待事实是两码事。乐观主义者和悲观主义者对
同一事物的看法可能截然不同。

社会内部的贫富差距是不争的事实,但某一社会中的这一事
实,与身在其中的人们如何感知这一事实,是两码事。

那么,哪种人格类型的人最可能将贫富差距视为严重的问
题呢?

毫无疑问,就是自恋型人格。

现今的日本社会,到处都在说"贫富差距",仿佛离了这个词
就活不下去。而自恋型人格的心理受到贫富差距的影响是最大的。

这里所说的自恋型人格,是个体心理学范畴的自恋型人格。

事实上,关于自恋,精神病学家和精神科医生的看法并不一致。

精神分析学家西格蒙德·弗洛伊德（Sigmund Freud）[①]认为，自恋是促使个体与外界发生联系的首要因素。阿德勒的观点则与之不同，他认为，人是社会性动物，自恋并非首要因素，而是一种排斥他者的尝试，所以自恋是不正常的[9]。

除此之外，阿德勒还将自恋型人格分为两大类：一是"要求比他人优越的类型"，二是"婴儿类型"[10]。

对前一类型的自恋者而言，"获胜便是一切"[11]。

获胜与败北所具有的意义，会因个体是自恋者还是非自恋者而完全不同。

对于"要求比他人优越"的自恋者而言，贫富差距是剥夺其自我价值的危机问题。因此，贫富差距对自恋者的意义与对普通人的意义是完全不同的。

（2）容易因他人的冷嘲热讽或稍加批评而受伤

正如我反复说明的那样，自恋者总是很容易受伤。容易受伤

---

① 西格蒙德·弗洛伊德（1856—1939），奥地利精神病学家，著名心理学家，精神分析学派创始人，著有《梦的解析》等。——译者注

的人有很多种，排第一位的就是自恋者。

如前文中所述，"自恋者"一词来自希腊神话中的纳西索斯。纳西索斯是一个迷恋自己倒影的美少年。自恋者一般而言都是自我陶醉、只关心自身的人。

自恋者的特征之一就是会因他人的嘲笑或稍加提醒而立刻受伤。包括社会心理学家弗洛姆在内的众多学者都指出过自恋者的这一特点，我也认同这一观点。

自恋者毫不关心他人且痴迷于自身，容易受伤也是理所当然的。

（3）只谈论自己

自恋者往往不顾他人的感受，一味谈论自己的事情、自己的体验、自己的情感以及自己的想法。

他们试图通过谈论自己的事情满足自恋需求，但无论他们如何滔滔不绝，内心却始终无法获得满足。这大概是因为长大成人后，就无法像小时候那样想什么就说什么了。

个体的自恋之所以能够获得满足而消除，是因为从小拥有一位愿意倾听他诉说的人。

自恋者会自以为听者对自己所说的内容十分感兴趣，如果他们这样的自说自话，也有人愿意倾听；自恋者会径直打断说话者，然后说自己想说的话，如果即使在这样的情况下，也会有人愿意倾听；自恋者还会认为对方说话"太无聊"，不听别人讲，只顾不停地说自己的事情，如果即便如此，也会有人附和他"是么"并表现得饶有兴致……个体的自恋，便会在自己的这些自以为是、任性自私的话语得到接纳的过程中慢慢消除。

如果父母不疼爱自己的孩子，便无法成为这样的接纳者，孩子的自恋就不可能得到消除。

换言之，如果父母不觉得自己的孩子可爱，孩子的自恋就可能一直存在。

人只有在能够安心的环境中长大，自恋才可能得以消除。

那么假如父母是自恋者，孩子又会怎么样呢？

例如，孩子在学校受到了某种伤害，回到家试图向父母诉说，但父母却不愿意倾听。那么，这个孩子便会因此受到心理伤害。

自恋型父母之所以会如此，是因为他们的全部注意力都在自己身上，无暇顾及孩子。他们的内心是贫瘠的，没有足够的心灵空间去容纳孩子的事情。

　　孩子在遭受痛苦时，都会试图向父母倾诉。可自恋型父母非但不愿意倾听，反而可能大发雷霆。他们不允许孩子把烦心的事情带到他们面前，甚至责怪孩子不关心自己。

　　在这种"亲子角色颠倒"的情况下，父母会动辄因孩子的言行而受伤，因此对孩子大发脾气。

　　"亲子角色颠倒"是著名的儿童研究专家约翰·鲍尔比提出的概念。在亲子角色颠倒的情形下，不是父母满足孩子的撒娇欲，而是孩子被迫满足父母的撒娇欲。甚至可以说，孩子不得不负责满足父母的撒娇欲。

　　如果父亲极其自卑，即自我执念很强，为了自己的事情已经精疲力竭，而母亲也对孩子漠不关心，那么在这种环境中长大的孩子，哪怕到了50岁，也可能会像小孩子一样自恋。

　　更甚者，有的孩子是在强化自恋的环境中长大的。他们时刻面临大人的怒火，一种否定其存在的愤怒。在这种环境下长大的孩子，怎能奢望他们消除自恋呢？而且，其中许多人都会因这种幼儿期未得到消除的自恋而无法适应社会，从而陷入深深的苦恼。

　　在意识层面，自恋者的社会适应性良好，但其无意识却被自恋所占据。于是，他们深受意识与无意识相背离之苦。

如果他们能意识到这一点，就有机会找出口脱离苦海。

（4）喜欢成为关注的焦点

自恋者总是希望成为众人关注的焦点，如果不能成为焦点，他们便会感到受伤。

（5）认为"我很特别"

这里的"我很特别"，意思是"我很难履行正常成年人的社会责任"。换言之，自恋者认为自己承担不了如此繁多的社会责任。

但是，人在社会中生存，必然要承担各种各样的责任，这并不限于在职场中必须认真负责地工作。个体只要开展社会生活，就必然要承担各种责任。比如，共聚一堂时，保持温和就是基本的礼仪，不是说你遇到了不快的事情，就可以任意表现出不开心。

要想在社会中生存，人就要学会忍耐。假如每个人都任性妄为，社会就无法正常运转了。

用阿德勒的话来说，就是个体要承担"公共责任"。总之，我们并不是只要尽到工作的责任就行了。除了在职场或家庭中，我们在平时的社会生活中也要时时谦让，顾及他人的情绪。

如果一个人总是愁眉苦脸的，就会令他人感到厌烦。因此，即使心情郁闷，也要尽量克制自己，在人前表现得神态正常。这是作为一个社会人应负的责任。

认为"我很特别"，实际上是在要求"我随时可以愁眉苦脸"的特权。

个体在长大成人后，就有责任控制自己的情绪。这是一个正常的社会人所应负的责任。在"我很特别"这个想法的背后，隐藏着个体对社会责任的逃避。

换言之，认为"我很特别"的自恋者，不是合格的社会人。

（6）期望他人帮自己做各种事情

（7）羡慕他人的好运气

这里的"羡慕"，准确地讲应该是"不开心"。

当然，每个人都会羡慕别人的好运气，觉得他人"真幸运"，我们不能因为别人有这样的想法，便认为他们是自恋者。

真正的自恋者是这样的：只要幸运的人不是自己，他们便会愤愤不平；只要他人比自己幸运，他们便无法容忍。

普通人在得知他人的好运后，最多感叹一声"他真走运"，除此之外不会再有其他情绪波动。

幸福的人甚至还会由衷地为他人的幸运感到喜悦。当有人遇到了什么好事的时候，他们会发自内心地觉得"真是太好了"。

自恋者则恰恰相反。

自恋者对他人的好运很漠然，他们在感叹对方"真走运"时，内心隐藏着敌意。如果某个人走运的事情被人们热议，自恋者便会感到不快并无端发怒。

可见，只有对别人走运感到不开心的人，才是自恋者。

（8）在得到自己认为值得的东西之前不会满足

心理健康的人由于幼年时期得到了养育者的恰当对待，自恋得以消除；而自恋者的人格中还存在自恋没有被满足的部分。

当个体陷入自我陶醉并且自我存在感缺失时，会迫切需要他人的认可，迫切需要名声、权力以及金钱。

自恋者一边被强烈的无价值感和无助感伤害，一边又被与之相反的夸大的自我形象和无限的成功幻想麻醉，他们总是被这对矛盾体任意摆布[12]，难以获得松弛感。

2.6　世界不为你而存在

罗洛·梅指出，有虚荣心和自恋倾向的孩子，总是要求父母表扬自己，如果得不到表扬，便会认为自己毫无价值[13]。

他们在面对别人的提醒时，无法将其解释为"提醒"，而是觉得自己的价值遭到了否定，认为自己受到了攻击。所以，他们觉得不开心也是很自然的事情。

因此，心理受伤对自恋者来说便成了家常便饭，到了一定的年龄后，坏心情便与他们如影随形。

假如一个人因为每天被迫工作 15 小时而辞职，大家都能够理解；但假如一个人仅仅因为他人的稍加提醒便提出辞职，大家自然是无法理解的。

换言之，仅仅因为他人的稍加提醒就辞职的人，比非自恋型员工对"提醒"的反应更大。

对自恋者而言，吃饭也需要有赞美相伴。若少了"你真了不起"之类的美誉，即使是山珍海味，他们也会觉得味同嚼蜡。不管多好吃的饭菜，他们都会觉得没滋味。

对于自恋型父亲，如果孩子没有自豪地表示"多亏有您这么厉害的好爸爸，我才能吃上这么好的饭菜"，这位父亲便会不开心。

自恋型母亲也一样，如果孩子没有赞美说"有您这样厨艺高超的妈妈，我每天都幸福极了"，这位母亲也会不开心。

如果听到有人说"吃了你做的饭菜，我都不想吃其他人做的了"，自恋者会高兴到极点。最能取悦自恋者的，就是将他与别人比较后的赞美。

反过来，如果有人建议自恋者"这道菜这么做会更好吃"，他们便会觉得受到了伤害；如果有人建议下次去某家餐厅吃饭，自恋者也会不开心，认为这是对自己的批评和攻击。

自恋型母亲最喜欢听到孩子说："妈妈做的饭菜真好吃，我们都不用去餐厅吃饭了。"

此外，要是有人介绍某个地方的某个菜很好吃，自恋者也会很不开心。如果有个很擅长烹饪的人在品尝自恋者的手艺之后发表见解，自恋者也会感到受伤。

只要大家没有异口同声地表示自恋者最懂烹饪，他们便会不开心。

归根结底，自恋者要求所有人都赞美自己，要求成为现场的核心，成为众人关注的焦点，否则他们就会不开心。

2.7 当不再有人夸你是"好孩子"

即使在日常生活中受到不经意的提醒，自恋者也会觉得是对自己的一种攻击，从而感到不快。即使对方在提醒时刻意考虑了他们的感受，他们仍会感到不快。

这是因为，提醒终究是提醒，而不是赞美。

当一个人无意间做了什么失礼的事情时，站出来提醒的人往往是善意的。当然，这仅限于亲近的人之间。没有人希望被关系疏远的人提醒自己失礼。

对于来自他人的要求和期望，人们的反应与此类似。

比如在日常生活中，有人对你说"哎，请把门关上"，这是对方的期望或要求，我们不会觉得这有什么大不了。但自恋者却会因此感到不快。

对自恋者而言，他人的要求会伤害他们的尊严，只要是他人的要求，就是带有"恶意"的。

自恋者缺乏沟通能力的表现绝不仅限于以上这些情况。

由于喜欢被赞美，自恋者会为了取悦赞美自己的人而滔滔不绝地恭维对方。而如果对方并非自恋者，对自恋者的奉承根本无动于衷，当自恋者发现对方没有表现出自己期待的反应时，便大为恼火。

如果在对话结束时，自恋者仍没有得到他所期待的表扬和感谢，他并不会把这当作单纯的期望落空，而是会将其解释为对方在恶意攻击自己。

这样一来，自恋者便会天天不开心、天天感到受伤，性格也因此逐渐扭曲。

自我实现，归根结底是自我潜能的实现，而非被赞美的愿望的实现。但自恋者并没有为实现自身潜能付出努力。

罗洛·梅对自恋的定义是"渴望得到表扬的强迫性欲望"，并同时指出，这种欲望"会逐渐削弱我们的勇气"[14]。

如果一个具有"渴望得到表扬的强迫性欲望"的人得不到表扬会怎样呢？这个人会认为自己受到了攻击。这就是强迫性欲望的真正含义。

换言之，即使主观上不想，自恋者也会不由自主地去追求赞美。

自恋其实是一种表扬依赖症，就如同酒精依赖症一样。

自恋是成长的敌人，也是幸福的敌人。

做真正的自己的最大障碍，便是虚荣心和自恋。换言之，获得幸福的最大障碍就是自恋。

我们从出生开始，便生活在成长欲望与退行欲望的斗争中。成长欲望战胜退行欲望的人将获得幸福，退行欲望战胜成长欲望的人将变得不幸。

自恋者如果得不到周围人的夸奖，就无法产生能量；一旦得到表扬，他们便会干劲十足。

"你那条围巾好漂亮，哇——太漂亮了"，这样的赞美，能够让自恋者能量大增。

只要被捧得高高的，自恋者便能产生能量。总之，自恋者渴望受到吹捧。

这种鼓励属于自恋式的鼓励。只有在得到这种鼓励时，自恋者才能被真正地激励。

自恋者没有体验过自我实现的喜悦，他们的人生意义就是被人吹捧。

另外，自恋者会因他人的批评而愤怒，当这种愤怒无法表达时，他们会极度沮丧。当自己的意见遭到反对时，他们同样会感到愤怒，情绪也会随之低落。

那些动不动就辞职的年轻人，他们的"母亲"可能经常夸他们"真厉害"。可惜公司不是"母亲"，不会像母亲夸孩子那样夸员工"真厉害"。

由于这些年轻人并不是真的自信，因此即使打起精神努力一把，他们也会因周围的人不像他们期待的那样认可他们，而无法真正恢复元气。

这些自恋者进入职场后，支撑其自恋的能量供给源便枯竭了。

他们一直忍耐着，渴望听到一句"你真是个好孩子"。随着这一期望的落空，他们对公司的情感便只剩下怨恨。

　　这时，即使他们试图给自己鼓劲，也会因为根基不牢而失败。所谓的根基，指的是个体在职场外部建立起的，包含心灵沟通的人际关系。

　　人类的生产性能量，来源于和他人的心灵沟通。但自恋的年轻人缺乏这种有心灵沟通的人际关系，他们与不同场合的人只有短暂的联系。

　　因此，一旦自恋的能量来源被切断，他们就找不到可替代的能量供给源。

　　于是，那些在工作中得不到表扬的自恋者就会辞职了事。

第三章

承认没有无条件的爱

THREE

通往幸福的捷径在哪里

3.1　心灵怎样才能得到满足

所谓"对无条件的爱的渴求"，指的是即使自己很愚蠢，即使自己情绪不成熟，即使自己以自我为中心，即使自己很平庸，也希望对方真心爱自己。

个体只有在坚信自己得到了这种爱之后，才能感到安心。人只有在这种可以安心的环境中，才能从心理上长大成人。人只有相信"这个人接受了真实的我"，在这种安全感中，情绪才能成熟。

事实上，"这种欲望一般存在于幼儿身上，由母亲负责满足"[1]。那么，如果母亲不能满足孩子的这种欲望，他成年后会怎么样呢？

答案是，未被满足的自恋，即使在个体长大成人后，自恋也不会消失。也就是说，对无条件的爱的渴求永远不会自动消失。

"人类想得到保护的欲望，自恋得到满足的欲望，摆脱责任、自由、意识所具有的风险的渴望，以及对无条件的爱的渴望……是人类最基本的强烈情感"[2]。

所以，并非只有婴幼儿才会因无助而寻求确定性。

母亲固恋①强烈的男性，往往在小时候就觉得母亲比父亲更爱自己，母亲赞美自己，而父亲却瞧不起自己。他们越是觉得自己比父亲优秀，就越可能发展成自恋者。

这种自恋式的确信导致个体认为，自己的伟大无须任何证明。

由于他们的这种"伟大"是建立在与母亲的关系纽带之上的，这最终会导致这些男性的价值观全部与无条件且不加限制地赞美自己的女性绑在一起。他们最大的恐惧，便是自己可能无法赢得所选择的女性的赞美[3]。

---

① 母亲固恋，是指个体在成年后依然像幼儿一样表现出对母亲的极度依恋。——译者注

这种欲望无法通过直接的方式来获得满足。因而，这类男性会变得越来越容易被行为古怪的女性吸引。

正如弗洛姆所说，一个"追求无限赞美自己的女性"的男性，在其他多数领域也总是会欲求不满。他们并非对某个特定的事物不满，而是对一切都不满。

这些男性"需要能够安慰自己、疼爱自己、赞美自己的女性；需要能够像母亲那样保护自己、养育自己、照顾自己的女性"[4]。

此外，弗洛姆还指出，如果得不到这样的爱，"他们很容易陷入轻度的不安和抑郁状态"[5]；如果找不到这样的女性为伴，他们便无法产生能量[6]。只有找到这样的女性，他们才能有能量安心生活。这样的女性就是他们的精神支柱。

换言之，自恋者没有自己的精神支柱，无法依靠自身产生能量。他们只有得到此类女性的无限赞美后，才能产生能量。

自恋的男性要求恋人或妻子是一个会"安慰自己、疼爱自己、赞美自己的人"。如果因为得不到他人的表扬而不开心、情绪低落，我们还能理解，但自恋者的情感会更甚，他们甚至会因为被人撞见自己自认为不帅气的样子而不开心。

　　抑郁症患者害怕被他人认为自己在偷奸耍滑，也是出于同样的心理。抑郁症患者也渴望得到表扬，同样也追求"能够安慰自己、疼爱自己、赞美自己的女性"。

　　倘若他们偷懒时被人看见，这种欲望便无法得到满足。普通人在偷懒时被人撞见，顶多说一句"啊，被你发现了"，但自恋者或抑郁症患者就会感到很不愉快。

3.2 摆脱"表扬依赖症"

弗洛姆指出，处于母亲固恋第一阶段的男性，会追求不加限制地赞美自己的女性。

弗洛姆说：在这一阶段，自恋的男性追求"行为举止如同母亲那样给予自己悉心照料，对自己几乎没有任何要求的女性。换言之，在这类固着①中，他们需要一个可以无条件依赖的人"[7]。

自恋的男性会选择对他们没有任何要求的女性，换言之，就是他可以无条件依赖的女性。

---

① 固着，这里指固执于旧的行为模式，妨碍获得新的行为模式的状态。——译者注

如果这样的女性提出某种要求，即使这种要求在别人看来非常合理，也会让自恋者觉得很不舒服。即使对方表达的只是普通人觉得理所当然的愿望和要求，他们也会感到不快。

或者，当自恋者以匪夷所思的行为回应伴侣的要求时，如果对方未表示感谢，他们也会立刻翻脸。

自恋者所表现出的关怀，是"与对象无关"的关怀，是为了给他人留下美好印象的关怀，是为了使他人感恩的关怀，而不是真正体贴对方的关怀。

自恋者所表现出的亲切，也是为了使自己获得尊重，而不是出于对他人的爱。自恋者的心中没有他人，他们认为自己的所作所为都非常亲切，因而常会做出一些匪夷所思的事情来。

然而，即便如此，如果对方没有第一时间回复一句"不愧是你，你想的真周到""谢谢你"等，他们便会立刻面露不悦。

除非是"行为举止如同母亲那样给予他们悉心照料，几乎对他们没有任何要求的女性"，否则无法和自恋者交往。有主见的女性无论做什么都会让自恋者感到不快。

对自恋者而言，除了对自己的悉心照料，对方的其他任何行为都是令他不快的。

自恋者早上一睁眼便想得到赞美。他们会在早餐时故意说些什么以求夸奖，如果这时伴侣非但没有这么做，反而说出了他们自己的愿望和要求，自恋者的心情便会瞬间"晴转多云"。

自恋者最无法忍受的，便是对方说出"高高在上"的话。

当然，很可能对方并没有说什么"高高在上"的话，只不过是说出了普通人的正常意见而已。但在自恋者看来，这已足以让他感到不快。自恋型丈夫往往在新婚后不久便怒气冲冲地质问妻子："你什么时候变得这么了不起了！"在这样的男性心中，妻子理应对自己毕恭毕敬。因此，哪怕妻子只是提出很普通的意见，也会令他感到不快。因为这表明妻子没有对他毕恭毕敬。

他们不明白普通的女性并不是"没有任何要求的女性"，因此只要妻子提出普通人的意见，他们便会觉得妻子"说了高高在上的话"，从而感到不快。

在母亲固恋的第二阶段，自恋的男性表现为"他们认为自己是完美的存在，因此无法体会他人的感受"[8]。

自恋者并不明白，对方也是人，对方有自己的愿望和期待是再正常不过的，对方提出"希望你这样做"的要求也是理所当然的。或者说，个体拥有"我想这么做"的愿望，才是心智健全的表现。

但自恋者却无法容忍这一点，只要对方未把自己的要求摆在首位，他们便不依不饶。

卡伦·霍妮把这种自恋倾向称为神经症的特征。

他人拥有自己的愿望和意见，他人批判地看待自己，他人对自己有所期待……如此简单的事情，在具有此类自恋倾向的人看来都是极具恶意的侮辱[9]。

在这一点上，自恋者和神经症患者表现得没有区别。

3.3　不再"对外迎合，对内冷酷"

不管怎么说，自恋的症状都类似于"表扬依赖症"。

高度自恋者要求他人一切都要按自己的想法行事，否则便会不开心。

这种"渴望得到表扬"的愿望摧毁了自恋者爱的能力。

但自恋者却认为自己是有爱心的人。因此，他们总是对他人心怀不满，这便是自恋者内心的恶。

自恋者的内心与其外在表现完全不同。由于他们内心充满了孤独与恐惧，因此会对他人采取迎合的策略。

不仅如此，他们还会把在对外关系中积累的不满，发泄到自己亲近之人的身上。

自恋者属于对内面孔和对外面孔反差极大的人。

比如，有的自恋者在外口碑很好，从社区邻居到亲戚熟人，再到同事，大家都说他是个 100 分的好人。

人们都说，如果这个人结了婚，一定是个理想的丈夫；如果他当医生，也一定是个令人称赞的"温和医生"。

然而，在亲近的人面前，他们却是另一副面孔，冷漠且暴力。不过，只要有外人出现，自恋者的态度便会立刻 180 度大转弯，原本乌云密布的脸瞬间晴空万里。

对内面孔，是寻求母爱而不得的欲求不满的体现。

对外面孔，则是出于被抛弃的不安而迎合他人的体现。

3.4 不被安逸裹挟

由于"追求无条件且不加限制地赞美自己的女性",未成熟的自恋型青少年会更加不幸。

找不到这样的人是不幸的,找到了也是不幸的。

这是因为,那些会无条件且不加限制地赞美伴侣的女性,并不具有母性特质。

具有母性特质的母亲,希望孩子茁壮成长,她们会用心管教和训练孩子。

但无条件且不加限制地赞美伴侣的女性,不会试图管教或训练伴侣。这样的两个人结合后,不会为彼此的成长而努力。

有时候,人们会误以为"无条件且不加限制地赞美伴侣的女性"便是具有母性的人，而实际上，我们必须万分小心这类人。

她们会把伴侣引向沉迷安逸，使他们难以成长。

受伤的男性自恋者，其内心总是处于混乱状态，因此会追求从不质疑、一味说"是"的女性。男性自恋者追求的是从不抱怨的女性。

在普通人看来无关痛痒的话，对于要求他人不加限制地赞美自己的自恋者来说，就仿佛是莫大的侮辱。

在普通人看来平安顺遂的日常生活，在要求他人无条件赞美自己的自恋者眼中，可能令人极为不快，他们甚至对此生出恨意。

总之，自恋者不管做什么，都希望得到赞成和肯定。要是有人请求他们做些什么，他们便会很不开心。

但反过来，如果自恋者希望他人拜托自己而对方没有这么做，他们也会很不开心。那种受人之托后顺手帮一把并以恩人自居的姿态，会给自恋者带来无可比拟的满足感。

这才是自恋者最难以相处的地方。我在本书前言中曾说过自恋者难相处，指的便是他们的这种矛盾心理。

由于他们内心充满无力感，因此他人的拜托会让他们觉得很开心。如果在他们希望他人拜托自己时，对方却没有拜托他们，他们便会很不愉快。

自恋者弄错了"无条件被爱"的含义。

比如，一个自恋者迷失了方向，这时，如果有个人宠溺他、拥抱他、宽慰他，他便会毫不犹豫地走向这个人。

这样一来，情况将变得更加糟糕。

情绪不成熟的人，此时会再一次走错路。他们会走向能够当场安慰自己、疗愈自己心灵创伤的人。总之，他们会选择当下最安逸的那条路。

情绪不成熟的人在心灵受伤后，会被浑浑噩噩的人所吸引。他们会和对方一起喝酒、抽烟、四处游荡。他们喜欢这样的女性。

然而，如果人总是沉迷于安逸，就会变得焦躁不安。因为这样的生活无法让人发挥潜能、实现自我。由此可见，这类女性并不能让自恋者真正获得滋养和满足。

如果弗洛姆所说的"不加限制地赞美伴侣的女性"真的具有母性特质，那么这个男性就应该得到幸福。反之，若是他未得到幸福，那么这个女性便不具有母性特质。

可见，具有母性特质的母亲与"无条件且不加限制地赞美伴侣的女性"完全不是一类人。后者背后潜藏着巨大的危险，她们会让伴侣彻底变为废物。

遗憾的是，自恋者追求的是完全不会生气的人，也就是说，面对退行之路和成长之路，自恋者总是寻求对自己百依百顺并将自己引向退行之路的人。

自恋者不明白，冷漠的人正是由于对他人漠不关心，所以才会无条件地赞美他人。

如果一个男性追求"无条件且不加限制地赞美伴侣的女性"，他很可能是一个母亲固恋强烈的人。

换言之，需要一个如此"无条件且不加限制地赞美伴侣的女性"为伴的男性，无疑是自恋者。

自恋与母亲固恋盘根错节、难以区分。不仅如此，如前所述，自恋与神经症之间也难分彼此。

前面说过，情绪不成熟的人，此时会再一次走错路。但当事人却认为自己已经非常努力了。

换言之，自恋者在生活中拒绝成长。他们追求"无条件且不加限制地赞美伴侣的女性",其实就是在拒绝成长。

其后果就是,越努力,越软弱。这样的生活方式只会强化自恋者的自恋性思维,而无法消除他们内心的自恋。

因为,他们努力的动机便是自恋。

人们总是以为,随着年龄的增长,内心也会逐渐强大,这显然是一种误解。

自恋式的努力会使个体的心灵越来越脆弱,如前文中所述,自恋会"逐渐削弱我们的勇气"[10]。

自恋的男性会在追求"无条件且不加限制地赞美伴侣的女性"的过程中逐渐丧失勇气。

3.5　莫让顽强的意志走错路

当个体朝着错误的方向努力时，看似意志力超强，但那却是自我毁灭性的意志。当安全需要、爱的需要等基础需要①得不到满足时，人的"意志便会走错路"[11]。

在这个世界上，有很多为毁灭自我而不懈努力的"意志顽强者"。只有当个体追求自我实现时，意志才真正具有价值。

当爱的需要未能得到满足时，个体的意志并非真正的意志，而是顽猴试图变成鱼类的自我毁灭性的意志。

---

① 指马斯洛需求层次理论中的 5 种需要（生理需要、安全需要、归属和爱的需要、尊重的需要、自我实现的需要）中的低层次需要。——译者注

意志，只有在个体的判断力健全时才有意义，只有在个体的人生方向正确时才会发挥积极作用。

除此之外的意志顽强，都是极其危险的。

比如，有的人对待工作十分热心、认真，责任感特别强，他们的意志无疑是顽强的。然而，这样的人有时却会患上抑郁症。这是因为，尽管他们意志顽强，但却弄错了人生方向。

更进一步说，他们看似意志顽强，背后则隐藏着恐惧。

当个体选择了成长之路时，顽强的意志会给他们带来幸福。但是，如果个体遵循的是退行欲望，顽强的意志就会把他们推向不幸。

毫无疑问，自恋会诱使个体遁入退行欲望。

意志之所以会产生自我毁灭的作用，是因为个体的内心处在消耗能量而非产生能量的状态。

自恋者的能量会因错误的价值观而用于"理想自我形象"的实现，而不是用来实现其真正的自我潜能。

自恋和神经症性自尊的热情，能够激励自恋者为获得权威而努力，但他们的内心始终充满孤独与恐惧，无法松弛下来。所以，自恋者活得并不快乐。

3.6　与他人建立真正的情感连接

没有能力爱自己的人，也不相信他人会爱自己[12]。

自恋者只是沉迷于自我陶醉，他们并不爱惜自己。

自恋者为自身所困，无力爱他人。

自恋者丧失了其固有的生产性。

自恋者的能力在萎缩、心灵在病变。

自恋者与追求自我实现的人不同，他们丝毫不想发掘自我潜能。

"自恋者只是沉迷于自我陶醉，他们其实并不爱自己。"理解不了这一点，便无法理解自恋，也就无法理解自恋所引发的各种现象。

　　自恋者无法容忍周围所有人，因为他们会伤害其傲慢的自我形象。自恋者会"伤害无辜者，或者为了'把月亮据为己有''把不可能得到的东西弄到手'而到处建造城堡"[13]。

　　自恋受伤引发的愤怒和怨恨深深地折磨着自恋者，即使他们不停地通过暴力来发泄，也依旧活得很痛苦；无论他们依靠至高无上的权势建造多少城堡，都无法安享松弛感。

　　正如弗洛姆所说，他们把能量都用在自我赞美上了，并对批评过度敏感。"这种过度敏感使自恋者否定任何批评的正确性，同时表现出愤怒或抑郁"[14]。

　　假如自恋者拥有亲近之人，他们的心理便会趋于稳定，便不会对批评过度敏感。可惜的是，自恋者通常没有可亲近之人，因为他们没有爱人的能力。

　　假如自恋者拥有真正信任之人，他们的心理便会趋于稳定，便不会对批评过度敏感。可惜的是，自恋者没有能够信任的人，他们谁都不信任。

　　自恋者没有爱人的能力，因为他们受困于自身之中。

　　一个人只要生活在现实社会中，周围便不可能只有赞美声。

任何人都可能受到批评，特别是备受推崇的人，更有可能遭受疾风骤雨般的批评。

因此，自恋者时常在生气，时常处在抑郁状态。周围的人完全不明白他们为何会如此生气，如此抑郁。因为周围的人无法理解自恋者的自恋总是处于受伤状态。

无论关系亲近还是疏远，他人的言行都会使自恋者受到伤害。因此，自恋者总是处于愤怒状态。

受伤的自恋无法从外部窥见，因而自恋者周围的人会十分疑惑："他为什么要摆出那样一张臭脸呢？"

当自己的自恋受伤时，任何人都会觉得愤怒。但自恋者会因这种愤怒无法直接发泄而陷入抑郁。

虽然自恋者表现出来的是抑郁，内心其实堆积着敌意。

如果自恋者的自恋受伤，那么"他的自我将崩溃，这种崩溃的主观性反射即抑郁情绪"[15]。

谈到某人的自恋受到了伤害，普通人可能会猜测这个人肯定是受到了严重的羞辱。其实不然，对高度自恋者而言，只要没有得到赞美，他们的自恋便会受伤。他们就像小孩子一样，会被夸奖以外的任何事情所伤害。

如前文中所述，自恋者还会在他人被表扬时受伤。

更加不可思议的是，即使在普通人看来已经达到极限的赞美，在高度自恋者那里也仍然不够。也就是说，在这种情况下，自恋者依然会受伤。大家试想一下小孩子与母亲的关系，便能理解自恋者的这种心理。

不仅如此，即使没有受到羞辱，高度自恋者也会觉得受到了羞辱；即使没有人蔑视他们，他们也会觉得受到了蔑视；即使没有人怠慢他们，他们也会觉得受了冷落。

因此，自恋者才会不断地受伤，才会动不动就抑郁。

有强烈神经症倾向的人，即使没有遭到虐待，也会觉得自己被虐待了[16]。

关于古罗马的英雄人物恺撒，弗洛姆写道：他有病态的猜疑心。恺撒总是疑心"很多人憎恨他，很多人想推翻他，很多人想谋害他"[17]。

普通自恋者顶多疑心自己"是不是被他们瞧不起了"或"他们是不是不明白我承受的苦楚"，还不至于猜疑有人想谋害自己。

但自恋者只要起了这份疑心，便会不断地受伤。即使没有人瞧不起他们，他们也会觉得被人瞧不起。

原因在于，自恋者缺乏沟通能力。如果自恋者拥有正常的沟通能力，那么在自己被人瞧不起的时候，就能清楚地知道自己被人瞧不起了；如果没有被人瞧不起，也会清楚地知道这一点。

总之，在现实社会中，尽管自恋者渴望得到赞美并陷于自我陶醉，但他们的愿望却难以实现。相反，他们总是处于受伤状态，遭受抑郁的折磨。

即使经济上很富裕，自恋者也活得闷闷不乐；即使年年买彩票中大奖，他们也无法逃脱抑郁之苦。

3.7　悲观主义不过是愤怒的伪装

得不到满足的自恋会引发愤怒、敌意以及抑郁等情绪，这些情绪会伪装成悲观主义表现出来。而且很多时候，悲观主义还会披上软弱的外衣。

悲观主义者与自恋者相似，也无法坦率地表达情感。他们无法发泄懊恼、怨恨等负面情绪，于是选择独自忍受，最后逐渐变得悲观。

悲观主义是一种被掩饰的愤怒。阿德勒曾一针见血地指出："悲观主义是一种被巧妙伪装过的攻击性"[18]。

这种攻击性，便产生于自恋心理。

受害者意识和悲观主义，正是自恋的扭曲表现。

有的人会无休止地诉说自己的悲观想法，即使有人对他说"这种事情说多少次也没有用，别说了"也无济于事。因为这是一种对受伤后的愤怒进行宣泄的方式。

任何人都会因自己的情感宣泄遭到否定而不快，但自恋者会比普通人更容易受伤。当自恋者的自恋受伤时，他们会产生愤怒、敌意等攻击性情绪，如果他们无法直接宣泄这类情绪就会不可避免地陷入抑郁，由此发展出对现实的否认，从而进一步消耗其原本用于生存的能量。

除了悲观主义之外，自恋还会衍生出受害者意识。

自恋者在面对自恋性损伤时，会以受害者心态进行防御。为了疗愈自己的心灵创伤，他们会紧紧抓住牺牲者的角色不放[19]。

很多日本人在长大成人的过程中，内心都残存着自恋。这些自恋性损伤，衍生出了日本人的受害者意识和悲观主义。

在感到受伤时，我们有必要问问自己："有必要为这样的事情受伤吗？"

为了避免陷入悲观主义的思维模式，我们必须扪心自问。

所谓的自恋受到伤害，其实无异于自己掐住自己的脖子，属于典型的精神自残行为。

自恋者要明白，自己之所以总是受伤，是因为内心还残留着未被消除的自恋。只要自恋得到消除，自己就不会再因他人的言行而受伤。因为其他人并不会因为相同的情形、相同的言语而受伤。

总之，自恋者会因自恋受伤而产生强烈的攻击性情绪。这些攻击性情绪会披上软弱的外衣，伪装成悲观主义宣泄出来。

弗洛姆指出，自恋者可以通过提高自恋水平来解除自恋面临的威胁。

说实话，我也不太理解这句话的真正含义。对此，我自己的解释是：否认现实。比如，把所有批评自己的人、不赞美自己的人，统统归为"水平很低的人"，拒不承认他们的价值。此外还有拒不承认任何失败。

但是，这种对现实的否认，会大量耗费个体的生存能量。如果一直否认现实，个体的能量便会消耗殆尽，没有能量好好生活。

而且，即使个体试图通过否认现实来保护自己，最终也逃不过焦躁和抑郁。

当他人没有像自己渴望的那样赞美自己时，即使再试图自我陶醉，内心深处也还是知道答案的。

因此，在这种情况下，不管怎么做，个体都不会感到真正的快乐。无论怎样大声嚷嚷"因为那些家伙都是大笨蛋"，他们的心底也依旧觉得沉重，依旧觉得抑郁，无法获得松弛感。

3.8　不为得到表扬而努力工作

自恋者必须得到他人的表扬才能活下去。他们需要得到所有相关人士的表扬。

需要得到表扬才能活下去的人，相比不需要表扬也能活得很好的人，其生存难度要大得多。

为了让大家更好地明白两者之间的差异，让我们以经济事例进行说明。

需要得到表扬才能活下去，相当于有房贷要还，因此每个月可能需要 60 万日元（约 3 万元人民币）才能生活下去；而不需要表扬也能活得很好的人，相当于没有房贷，因此每个月仅需 30 万日元（约 1.5 万元人民币）就能生活得很好。

于是，每个月仅需 30 万日元就能生活得很好的人，不能理解为什么那个人每个月需要 60 万日元才能活下去。

需要得到表扬才能活下去的人，会觉得每天做的事情都很枯燥乏味。因为他们对自己做的事情不感兴趣，也没有喜欢做的事情。

由于他们的首要需求是得到表扬，因而只会做可能得到表扬的事情。可是，能得到表扬的事情和自己真正喜欢事情，并不是一回事。

如果不先做可能得到表扬的事，他们就无法生存下去，因此喜不喜欢的问题只能往后放，于是他们不得不日复一日地做着枯燥乏味的事情。

而那些不需要表扬也能活得很好的人，就能够做自己喜欢的事情，即可以为了实现自我而活着。

换个好理解的说法就是，自恋者相当于"为了生活而工作"。这样的人即使不喜欢自己的工作，也会硬着头皮干下去。

与之相反，没有必要为了生活而工作的人，只会从事自己喜欢的工作，不喜欢的工作就不去做。他们工作是为了寻求自我实现。

"为了生活"，每个人都能理解这一点，因为生活是看得见的。

但"为了得到表扬"而工作，很多人就难以理解了，因为那是心理问题，看不见、摸不着。

事实上，正如有些人为了生活，即使是厌恶至极的工作也拼命做一样，也有人"为了得到表扬"而拼死拼活地做着自己厌恶至极的工作。

这样的日子，每一天都是痛苦的。

更何况，即使为了得到表扬而做自己讨厌的工作，也不一定就能获得表扬。更多时候他们根本得不到表扬。

换言之，自恋者的每一天都是枯燥乏味的，没有一件事情令他们称心，他人的一言一行都会令他们感到不快。

真正关心他人的人，只要能和谁聊聊某件事，心情便会好转。而需要得到表扬的人，无论和谁谈论什么，都会因为得不到表扬而感到无趣。因此，他们不断寻求表扬，然后因得不到表扬而失望、沮丧。

整天郁郁寡欢的人，无疑是自恋者。在他们看来，一切都是枯燥乏味的，无论是日常的闲聊还是工作或社交，都毫无乐趣可言。

本书前言中提到的总是抱怨"没有人理解我"的人，无疑是自恋者。他们其实是在悲鸣"谁来理解一下我这种不愉快的心情"。

自恋者是"需要得到表扬的人"。

那么，自恋者在抚养孩子时又会怎么样呢？

在抚养孩子时，孩子们可不会就每一件事情表扬自己的母亲。如果父母每为孩子做一件事，就要求孩子赞美自己，那就太强人所难了。

所以，如果一个人不是真心喜欢孩子，就无法养育孩子。如果一个人无法从养育孩子的过程中感受到意义，便无法养育孩子。

在养育孩子的过程中，顶多有人偶尔夸一句："你把孩子养得真好。"抚养孩子原本就不是为了得到谁的认可。如果一个人无法体会到抚养孩子本身的乐趣，就无法养育孩子。

可是，自恋者无论做什么，都希望得到他人的认可。他们无法从自己所做的事情本身感受到快乐。

正因如此，对自恋者而言，世界上最痛苦的事情莫过于养育孩子。

3.9　不因被吹捧就自命不凡

在生意场上屡遭失败的人，不仅察觉不到他人的想法，也察觉不到自己是怎么想的。这样的人多为自恋者。

不断上当受骗的人根本没有察觉到，周围的人都把自己当作"背着葱过来的鸭子"——送上门的肥肉。

一个人如果意识不到对方在轻视自己，反过来说也是一种自命不凡。有时别人明明没有把他当作重要的人物，他却没有意识到这一点。因为他认为自己成熟老练，所以察觉不到他人言谈举止的真实含义。

如果一个人认为别人会以"自己的问题"为中心来思考和行动，那他毫无疑问是个以自我为中心的人。他以为每个人都只会以其自身的问题为中心来思考和行动。

有一个词叫作"被害妄想"，与之相反的词叫作"被爱妄想"。被爱妄想的意思是，明明对方对自己并没有"特别"的好感，却固执地认为对方对自己有"特别"的好感。美国心理学家丹·凯利（**Dan Kiley**）在其著作《彼得潘综合征：那些长不大的男人》（*The Peter Pan Syndrome: Men Who Have Never Grown Up*）中对主人公彼得潘有过这样的描述：

> 明明和他交往的女人私生活很混乱，但他却相信这个女人忠诚于自己，并为此得意扬扬。

其实，他只要仔细观察与自己交往的女性，就能清楚地知道对方是什么样的人。这说明彼得潘并没有注意自己的伴侣。在这种情形下，可以说彼得潘是一个自命不凡的人，也可以说他患了神经症，或者说他是个自恋者也行。

借用卡伦·霍妮在"神经症性的要求"中经常使用的表述来说，就是彼得潘认为"我有这个资格"。

正因为彼得潘心里是这么想的，才会错误地解读与自己交往的女性的行为。所谓被爱妄想，也是这种"神经症性的要求"的结果。

自恋者渴望给别人留下美好的印象，盲目相信自己在他人心中的形象美好。然而，他们看似自命不凡，内心却不如常人自信。越是觉得自己很了不起、很特别的人，越是没有自信。

彼得潘就像生活在两个不同的世界：一个是他充满被爱妄想和自命不凡的世界——这是他想象出来的世界，即内在世界；另一个则是他不自信的外部世界，也就是现实世界。即他同时具有"对内面孔"和"对外面孔"。

有个词叫作"窝里横"，就是用来形容那些在家里嚣张跋扈，在外面胆小怕事的人。

彼得潘们确实生活在两个世界，一个是"可以肆无忌惮地提出神经症性要求的世界"，另一个是"倾向于防御的世界"。

哈佛大学教授埃伦·兰格所使用的术语"专念"，是与自恋正好相反的心理状态。

专念，是指个体内心开放，并积极地留意各类事物的状态，而且也能够察觉之前并未留意到的新事物的状态。

　　只要个体能够开放地面对自己和他人，就会发现"自己的心理状态其实很幼稚"。

　　据说烦恼的人都是以自我为中心的人，其实上当受骗的人也是如此。换言之，他们都很可能是自恋者。

　　还记得之前说过的《伊索寓言》中"乌鸦和狐狸"的故事吗？

　　那只经不起狐狸的吹捧而上当受骗丢掉了肉的乌鸦，如果一直埋怨"都怪那只该死的狐狸，我真是倒霉透了"，它肯定还会在其他地方被坑骗。

　　相反，如果它能因此反思"我为什么经不起恭维"，进而意识到"因为我是自恋者，我很自卑，所以才会如此"，以后便可避免吃类似的大亏。

　　乌鸦如果能好好反省自己的自恋与自卑，进而对阿谀奉承嗤之以鼻，那么通过这次失败，它便可以避免今后更大的失败。

　　可若是乌鸦只一味抱怨"那只狐狸太可恶了"，或许它当时心理上会轻松一些，但将来必定会重蹈覆辙。

　　自恋者便是如此。

第四章

是时候结束辛苦的
生活方式了

FOUR

从物质富足到精神富足

4.1　同样的环境，不同的心境

在这里，我想简单归纳一下与自恋相关的几种现象。

比如有两个人，一个是自恋者，另一个是非自恋者。

这两个人虽然生活在同一个国家，但在精神层面，却好像生活在两个完全不同的世界。自恋者好像生活在战乱不休的国家，而非自恋者则生活在和平的国家。

和平还是战争是显而易见的，但一个人是不是自恋者，却无法用肉眼来分辨。

让我们来看一组日常生活中的画面。

一对情侣开着车外出，两个人在某个公园下了车，找了个地方坐下来。自恋者心里想的是"如何讨好对方"，所以没有关注眼前的大树。另一方则在心里赞美"这棵树真漂亮！"

这对情侣重新回到车上，从同一个外部世界进入同一辆汽车内。然而，两个人想聊的话题却完全不同。

一方自然而然地聊到那棵树，但自恋者既没看见那棵树，也对那棵树不感兴趣。

于是，自恋者在对话中便显得很勉强。因为他明明没有兴趣，却要强装出有兴趣的样子。

自恋者在约会期间，总是在拼命地忍耐。

纳西索斯为什么会爱上自己在水中的倒影呢？这也是自恋者最大的问题。

那是因为，纳西索斯很孤独。他没有"只属于自己的东西"，没有"只属于自己的母亲"。而且，他对现在的自己很不满——看似自我陶醉，但在无意识中却对自己很失望。

纳西索斯因孤独与恐惧而爱上了自己，陷入了自我陶醉。

个体因缺失"只属于自己的母亲"而产生的孤寂，无法被任何事物疗愈。纳西索斯便是通过自我陶醉来逃避因得不到最渴望的东西而产生的孤独。

对纳西索斯而言，自我陶醉具有无意识层面的必要性。他是如此孤独，如果不自我陶醉，便无法生存下去。

如果一个人从未体验过有母性特质的母亲所给予的关怀，其孤独的悲鸣便是自恋的缩影。

弗洛姆认为，自恋者的内心盘踞着孤独与恐惧，他们对具有母性特质者的渴望极其强烈。

正如第三章所说的那样，自恋与母亲固恋的关系盘根错节。没有对自恋的理解，我们就不可能理解人类；没有对自恋的理解，我们就不可能理解现代社会。

自恋并不是爱自己，而是寻求他人拯救自己的孤独悲鸣。有能力爱自己的人，也有能力爱他人。但自恋者既不爱自己也不爱他人。

自恋意味着个体在心理上放弃了人格统一性，意味着意识与无意识之间的背离。

外部环境再好，自恋者也无法仅以此获得幸福，活得松弛。

4.2 体验全人格的亲密关系

据说在全球的年轻一代中，日本的年轻人和家人在一起时，最感受不到活着的价值。

究其原因，可能在于日本社会情感共同体的缺失。

日本人的家庭关系在精神层面的疏离程度是全世界最严重的，其中最大的原因便是日本人的自恋。

自恋者没有与他人"共同生活"的能力。

对自恋者而言，重要的是他人对自己的看法，他们无法理解"与他人共同生活"是一种什么样的感觉。

这大概是因为自恋者从未与具有母性特质的母亲共同生活过。他们从未就自己的体验与他人产生过共情。这也就意味着，他们缺乏沟通的能力。

自恋者不适合组建家庭。首先，没有两个人的相互合作，婚姻是没有办法维持下去的，抚养孩子也是如此。

自恋者虽然关心自己，却不关心自己的内心世界，也不关心自己的配偶。

即使排除抚养孩子的所有困难，自恋者依然不愿意抚养孩子。这就如同消除一切困难也不能有效预防神经症[1]一样。

本书的议题之一，便是自恋与情感共同体之间的关系。

倘若忽略了自恋者身上普遍存在的"对亲近的压力"，便无法理解现在的日本。

个体要想获得心理上的成长，就需要在幼年时期受到积极的关注。然而，自恋者从未受到过父母的积极关注。

自恋型父母只关心自己，根本不关心孩子，别说对孩子积极的关注了，甚至连消极的关注也没有。

自恋就这样被世代延续下去，自恋的传递链难以被切断。

自恋型父母对孩子漠不关心，却会粗暴地干涉孩子。他们误以为干涉和支配就是疼爱和关心。

　　孩子打心眼里厌恶自恋型父母的干涉，但他们会把父母对待自己的这种方式，理解为正常的亲子羁绊、亲子关系以及亲子间的关心。

　　于是，当这些孩子长大成人后，如果身边的人对他们表示关心，他们便会感到烦躁。他们会把对方的关心理解为对自己的干涉，因而想要离开对方。

　　这就是回避型依恋症，个体不受控制地避免和他人走得太近，他们无法忍受与他人亲近。总而言之，他们必须回避亲密关系。

　　尽管自恋者长大成人后，身边的人际环境发生了翻天覆地的变化，但他们依旧无法摆脱从小形成的感受模式。

　　但这并不表示自恋者不想被关心。由于内心深藏着孤独与恐惧，他们比普通人更渴望得到关心。

　　但矛盾的是，真有人关心他们时，他们反而会不高兴，因为他们会把这种关心当作干涉。

　　因爱人的赞美而眉飞色舞的男性，一旦话题涉及谈婚论嫁，瞬间便会不开心。他们的恋人无法理解他们的这种心理。

　　这就是自恋者根本性的矛盾心理，他们最渴望的东西同时也是最令他们不快的。自恋者深受这种矛盾心理的折磨。

自恋者在功能性角色关系之外，一旦被人主动接近便会觉得不快。因此，他们即便去喝酒，也是以"部长"或"科长"的身份去的。

自恋者与抑郁症患者一样，具有很强的角色认同感。他们只有在获得角色认同后，才觉得自己有了立足之地。

孩子小时候与母亲的关系，并不是角色关系，而是一种全人格的关系。

很显然，自恋者没有体验过这种全人格的关系。

4.3　放下依赖性敌意

以下是盖洛普公司针对社会价值观进行的调查报告，其中有一个问题是："对你而言，下列事物有多重要？"

调查者让受访者按照自认为的重要程度给各项打分，具体分值为"非常重要"10分，"完全不重要"0分。

结果，获得最高分，也就是被认为"非常重要"的项目是"拥有美满的家庭"。

给此项打10分和9分的人占全部受访者的89%，在19~29岁的年轻一代中，这一比例高达90%。

倘若把受访者按收入分成三个等级，那么尽管差别不是很大，但随着收入的增加，认为"拥有美满的家庭"最重要的人在逐渐减少。换言之，在收入低的受访人群中，认为家庭极其重要的人反而更多。

此外，如果把受访者按照学历分为三个等级，那么在低学历的受访者中，认为家庭极为重要的人更多。

关于美国人如何重视家庭，我们可以通过盖洛普公司 2007 年的调查结果窥见一斑。其中有一个问题是："在投票给总统候选人时，你对其家庭价值观的重视程度是什么样的？"对此，回答"极其重视"[2]的受访者占 36%，回答"非常重视"[3]的受访者占 39%，而回答"不重视"的受访者仅占 7%。

在亲密关系中，主要有两个方面难以令人满足。

首先，一旦产生依赖心理，个体的要求便会自然而然地增多，因此与亲近之人的关系不可避免地会演变成依赖性敌对关系。例如，婴儿会对照料者产生独占欲。

如果对方同样是依赖心理极强的人，那么这两个人的相处自然没法顺心如意。

其次，如果父母有心理方面的问题，那么孩子便会下意识地害怕亲近之人。

与其他国家和地区相比，日本人与近亲的关系更为糟糕。这一事实表明，日本人大多是自恋者。

如前文中所述，这意味着他们对亲近之人产生了依赖性敌意，也就是对亲密关系的逃避。

斯坦福大学的开创性研究"害羞研究项目"[4]持续了9年，对8个国家和地区的民众开展了调查。

根据心理学家菲利普·津巴多（Philip Zimbardo）①等人的调查，日本是世界上最害羞的国家。

在一项其他关于害羞情况的调查中，调查的结果同样显示，日本是世界上最害羞的国家[5]。

这种害羞心理，会引发众多的负面问题。

据悉，害羞者两个最显著的行为特征是沉默寡言和无法与人对视[6]。

现今的日本正陷入一个恶性循环：共同体的崩溃导致个体的自恋得不到消除，而后者又进一步加剧了共同体的崩溃。

---

① 菲利普·津巴多，美国心理学家，斯坦福大学教授。——译者注

4.4　倾听他人内心的声音

相比其他国家和地区，日本人的家庭生活似乎不是那么其乐融融。所以，大家普遍不想生孩子。

这才是日本出生率低、老龄化的真正原因。现今的日本缺少能令大家即使不被催生也愿意生孩子的氛围。

现在的日本，被不断地要求"快生孩子，快生孩子"的年轻人，就如同被要求"快点学习，快点学习"的高中生一样。

假如有人告诉高中生们，上了大学会有什么好事情，他们肯定会一声不吭地埋头用功。

假如家庭生活都是开开心心的，大家自然会渴望结婚生子。这也会成为人们活着的意义。

正如前言中所说，自恋者极不擅长倾听别人在说什么。或者更准确地说，自恋者没有倾听的能力。

自恋型父母会无休止地讲述自己的事情，却不能好好地倾听孩子在讲什么。

而孩子的沟通能力，是在被人倾听的过程中发展起来的。

当孩子讲述自己的事情时，如果有人饶有兴致地表示"哦，是吗，原来是这样呀"，那么他们便会接着讲述更多的事情。

遗憾的是，自恋型父母却对最为重要的孩子没有真正地关爱，他们无法理解孩子究竟要求自己做什么。因此，他们不会就孩子所说的内容，追问"什么？在哪里？"之类的细节。

倘若家校联合会的演讲人建议家长"去倾听孩子在说什么"，自恋型家长们则会像检察官了解案情一样，问放学回家的孩子："今天在学校里发生了什么事情？"

善于倾听的父母会在孩子绘声绘色地描述一件事时，对其中的细节予以关注，并适时地给予表扬。但自恋型父母对孩子缺少这种关注。

如果母亲能够附和着说"哦，是吗，原来是这样呀"，并饶有兴致地倾听孩子讲话，孩子的自恋便会得到充分的满足，心情也随之愉悦起来，觉得"和妈妈说话真开心"。

当孩子说话时，如果有人能够点头附和、深表认同，他们便会觉得很安心，之后便会更主动地、不断地向父母倾诉。

有的父母之所以会患上育儿焦虑症，根源也在于他们的自恋——他们更渴望有人能听自己诉苦。

自恋型父母会对孩子诉说自己有多么辛苦。阴郁的人都倾向于诉说自己经历的苦楚。

当然，自恋不仅是育儿焦虑症的元凶，也是社会生活顺遂的一大障碍。弗洛姆认为，自恋"对于一切社会生活而言，都是巨大的障碍，这是毋庸置疑的"[7]。

弗洛姆还主张："自恋会使人变得具有非社会性。①"

打开电视，不时就能看到关于出生率低、老龄化问题的讨论，讨论着育儿支持等各个方面的问题。这些被探讨的育儿支持有可

---

① 非社会性，是指个体不愿意参与社会活动而闭门不出的性格倾向或状态。——译者注

能是正确的，但最关键的问题却被忽视了。

这就好比一个不会开车的人坐在驾驶座上讨论如何改良汽车的发动机，或如何改良车身才能拓展车内空间一样。即使所讨论的事项全实现，这辆车仍然开动不了。

同样的道理，在无视自恋问题的情况下，制定再完美的对策，也不可能成功地解决出生率低、老龄化的问题。

我曾翻译过一本名为《大脑模型》[8]的书。该书把人脑分为四种类型。当个体与脑型和自己不同的人交流时，那种感觉就好像是一个飞行员在和一个汽车司机交谈。

自恋者所进行的交流总是如此。他们拼命地想和他人交流，却总是无法顺畅地与他人交流。

如果人们能够承认彼此之间的差异，便能通过协商顺利地交流。但是，自恋者由于丝毫不关心对方，因而难以理解这种彼此之间的差异。

俗话说，善听者言善。确实如此，我们会因为对方乐意倾听而心情愉快地与其交谈。

自恋者不善于倾听，因为他们对他人不感兴趣。如果不去改变自己，无论如何努力，也无法成为善于倾听的人。

养育孩子，最重要的能力便是倾听。然而，由于做不到这一点，自恋者在养育孩子的道路上往往困难重重。

当然，不只是养育孩子，他们沟通能力的缺乏，也是自恋造成的。

苹果公司的创始人史蒂夫·乔布斯曾说：

当你想和一位美丽的女士靠近时，假如你的竞争对手送给她10朵玫瑰花，那么你会送15朵吗？

当你的脑子里冒出这个想法时，你就已经输了。其实，对手做什么都无关紧要，最重要的是要准确地识别出这位女士真正想要的是什么。

自恋者对他人漠不关心，因此无法识别出自己喜欢的女性"真正想要的是什么"，所以他们的情感之路通常充满坎坷。

对于自我陶醉的人来说，很难理解对方到底想要什么。因为他们不关心他人，所以搞不懂对方究竟想要什么。

或者更准确地说，他们没有了解他人究竟想要什么的欲望，因为他们对对方不感兴趣。

可自恋者本人还试图向对方传递"我很关心你"的信号，只不过事与愿违，这个信号并不能被很好地传递给对方。因为他们只是想展现一个关心对方的形象，而不是真的关心对方。

从史蒂夫·乔布斯说的这番话，可以看出他并不是一个自我执着的人。确实，要是连自己真正想要什么都不知道，何谈弄清楚对方的需求呢？

4.5　一切社会问题皆源于此

自恋型父母最关心的并不是孩子是否能茁壮成长，而是自己能否给他人留下好印象。自恋者唯一关注的是自己的形象，而不是生儿育女。

在郊区有一所房屋，有个帅气体面的丈夫，有一个可爱的孩子，对自恋型母亲来说便足够了，因为这就是一个成功母亲的样子。

自恋者生育孩子并不是因为"无论如何都想要个孩子"，她们也不是不管发生什么事情都想要孩子。

自恋者没有孩子也可以活得很好，只要能够维持自己夸大的自我形象就足够了。

如果女性自恋者现在的样子就能获得赞美，她们就不需要组建家庭，做个能干的职业女性就好。

如此一来，出生率低的现象便是不可避免的。

自恋者无法接受"异己"。他们不去试图理解与自己不同的人或事，而是采取拒绝的态度。

自恋者厌恶他人、排斥他人。自恋者的眼中没有他人的存在。

日本人之所以如此叫嚣着要实现"全球化"，实际上是因为其心理上难以实现"全球化"。

由于自恋，日本人对陌生人抱有赤裸裸的反感和厌恶，或者说，他们是对未知的事物充满了恐惧。

在这种对未知事物的恐惧中，有自恋在作祟。这是对现实的恐惧。

龟兔赛跑中，主动向乌龟打招呼说"喂，乌龟，乌龟先生"的兔子便是自恋者。

兔子为什么会认为乌龟"怎么这么慢呢"？

这是因为，兔子对乌龟抱有一种未知的恐惧。它之所以嘲笑乌龟，无非想借此保护自身的自我价值感。

日本人狂热地高喊全球化，却鲜有人提及人类精神的"全球化"。

从 2003 年 2~6 月间展开的"第 7 次世界青年意见调查"[1] 的结果来看，参与调查的 5 个国家中，认为父亲"值得尊敬"的受访者比例分别为：瑞典 72.8%；美国 67.6%；德国 53%；韩国 40.6%；日本最低，仅为 39.2%。

受访青年中，认为父亲"是自己生活方式的榜样"的比例分别为：瑞典 32.9%；美国 42.7%；德国 33.1%；韩国 29.1%；日本同样垫底，为 15.4%。

受访青年对母亲的态度也呈现出类似的结果。认为母亲"值得尊敬"的比例分别为：瑞典 77.5%；美国 74.1%；德国 57.3%；韩国 30.9%；日本最低，仅为 28%。

受访青年中，认为母亲"是自己生活方式的榜样"的比例分别为：瑞典 37.8%；美国 50.7%；德国 32.6%；韩国 25.7%；日本

---

① 世界青年意见调查，是日本内阁府定期在全球范围内开展的调查，调查对象为各国 18~24 岁青年，第 7 次世界青年意见调查的对象为日本、韩国、美国、瑞典和德国 5 个国家。——译者注

受访青年选择此项的人数比例较低，未进入所有选项的前五（多项选择题）。选择人数最多的选项，排在第五位的是认为母亲"严厉"（16.2%）。显然，选择母亲"是自己生活方式的榜样"的人数比例要低于16.2%，这在5个国家中也是最低水平。

4.6　生产性能量源于心灵沟通

有一个词叫"时代的闭塞感"[①]，造成这种闭塞感的一个重要原因便是自恋。

自恋者既然对外界毫无兴趣，自然就觉得做什么都无法破局。

于是，日本便出现了被称为"家里蹲"的年轻一代。

把闭塞感归咎于时代固然不无道理，但个体之所以产生这一感觉，却是由于自身内在的自恋。

在思考某些社会问题时，我们不可以脱离自恋。

---

① 时代的闭塞感，是指个体觉得外界是一个新的且已经完成的世界，由此认为自己的人生毫无意义。——译者注

自恋者的抗压能力很弱，这是自恋的一个基本特征。

个体摆出来给外人看的烦恼，一般并不是真正的烦恼。

真正的烦恼大多源于自恋，准确地说，大多源于因自恋得不到满足而受到的伤害。但人们冠冕堂皇地称其为"时代的闭塞感"，然后把自己的无力归咎于此。

其实造成这种现象的原因，仅仅是自恋者的能量供给源枯竭了而已。

我认为，一直烦恼不休的人很可能是自恋者。

爱的需要是个体最基本的需求之一，无法满足个体这一需求的社会，是一个患上了抑郁症的社会。

日本社会便是如此，仅仅实现了经济上的繁荣，却满足不了人们的基本需求，结果就是现在这样。愁眉苦脸的人在日本随处可见，他们自我怜悯，羞耻感极强，还自我执着。

有的人一边抱怨着"好辛苦"，一边却不肯放弃辛苦的生活方式，他们很可能是自恋者。换言之，他们渴望得到他人的同情，因此不愿结束这种辛苦的生活方式。

虽然并非所有的抑郁者都是如此，但抑郁的主要根源就在于受伤的自恋。

对个体而言，最为重要的是在自己变得抑郁的时候，意识到问题的本质是自己受伤的自恋。

当然，并不是说一旦意识到这一点，抑郁情绪便能烟消云散，但个体却能借此找到努力的方向。

"抑郁源于个体懈怠了自我实现"，换句话说，自恋者没有为自我实现而努力。

自恋者的能量来源于他人的夸奖，离开了夸奖，他们便什么也做不成，甚至都没有能量活下去。

自恋者不愿意去公司上班，但一个人又什么都做不了。因为人类的生产性能量只有在与他人进行心灵沟通时才能迸发出来。

4.7　别把"不幸福"与"没自信"挂在嘴上

人们常说，谁都有感到自卑的时候。

但在有些人那里，自卑会成为大问题，而在另一些人那里则不是什么大问题。

当自恋者感到自卑时，会掀起惊涛骇浪。他们会不停地嚷嚷"我没有信心，没有信心，我要怎么做才能有自信"，闹得鸡犬不宁。

事实上，并不是每个人都足够自信，但普通人不会因此大呼小叫："我要怎么办才好""我要活不下去了！"

在人际交往中，偶尔会出现一些令人不太自在的情况很正常，但自恋者却会在紧张或谈话不那么顺利时自我怀疑："难道我真的是个没用的人？"于是他们便开始咆哮："我活不下去了，快救救我！"

如果是高度自恋者，还可能会大声疾呼："请一定救救×××（自己的名字），请不要抛弃我。"他们就像拉选票的选举候选人一样，不停地喊着自己的名字。

那些还未到选举时间就戴着绶带走街串巷拉票的候选人，很可能就是自恋者。

问题并不在于不自信本身，而在于个体把不自信看得很严重的个性。这样的人无疑是自恋者。

据调查，幸福的人的共同之处，便是乐观且拥有适当的目的和良好的人际关系[9]。

可惜，以上三点自恋者均不具备。

由于自恋者只关心自己，因此缺乏与他人的心灵沟通，也无法与他人建立起亲密关系。

自恋者缺乏与他人的心灵沟通，便意味着他们没有实现自我的能量。再加上他们陶醉在夸大的自我形象中，找不到适当的目的也是理所当然的。自恋者因此对自己抱有不切实际的目的，而且无法乐观。

无法直接表达的负面情绪，是悲观主义形成的根源。

第五章

简单生活的唯一方法

FIVE

放松紧绷的神经，活出松弛感

5.1 想要改变，该怎么做

有的人内心非常渴望改变，却总是功败垂成。

他们哭诉道："我到底要怎么做才能改变呢？我到底要怎么做才能不再这么痛苦呢？我实在受不了了！"

其实要做的事情很简单。

只需擦干眼泪停止诉苦，转而去觉知自身的自恋，并尝试考虑他人的事情即可。

不过，说起来简单，但当自恋者真的尝试去"考虑他人的事情"时，便会发现要做到这一点非常困难。

他们会在这个过程中，看见一个眼中只有自己、无力关心他人的自己。

比如，"我觉得自己的声音太粗，于是费尽心思让自己的声音听起来更好听，结果导致无法敞开心扉，我因此变得性格内向，头脑中一天到晚都萦绕着'果然，都怪这个粗嗓门，我可能无法得到幸福了，我可能真的得不到幸福了'，找不到出路"。

烦恼的人无论白天黑夜，总在思考"什么才是真正的自己"。

他们日复一日地琢磨"如何让自己讨人喜欢"，其实，他们只要停止这么想就好了。

自恋者发自内心地想交到朋友，却总是形单影只。于是，他们日夜都念叨着"我想要朋友"。

自恋者日夜都在渴望："我想要一个倾听我的一切、理解我的一切、能真正拯救我的人。"

自恋者日夜都在苦苦思索："我该如何改变生活方式呢？"

总之，他们不停地大呼小叫，逢人便倾诉。

要是无人肯听他们的哀怨，自恋者便会宅在家中不出门，乱发脾气，甚至惹出麻烦。

那么，自恋者与普通人的区别究竟在哪里呢？

其区别在于，普通人烦恼时，不会认为"只有"自己一个人有烦恼，他们明白其他人同样面临各种各样的问题。

换言之，普通人能看清烦恼中自己的位置。而自恋者却做不到这一点，他们认为"只有"自己身处烦恼之中。

只要停止关注自己的事情，试着考虑一下他人，自恋者也可以做到这一点。

比如路过派出所门口时，可以试着这么想："警察肯定很辛苦。警察叔叔辛苦了，谢谢你们。"

自恋者确实也会表现出关怀他人，但无论怎么做，都只是一种自我执着的关怀。那种旨在让自己得到表扬、让别人对自己感恩的关怀，完全是自作多情。

如果一个人真的关心他人，就不会去琢磨自己做了什么之后"人们对我会有什么看法"，而是会思考"那个人的心情会如何"。

5.2　勇敢说出"帮帮我"

自恋者总是很烦恼。他们无精打采、情绪低落，还总是烦躁不安。

与他人在一起时，自恋者也大多闷闷不乐，常常沉默不语。然而，他们心中想说的话，其实多到难以置信。

对自恋者而言，重要的是如何把这些埋在心中的话说出口。

自恋者之所以在人前变得沉默寡言，是因为他们渴望被接纳，渴望被喜欢，渴望被表扬。他们越是沉默寡言，心中想说的话越是堆积如山。自恋者可以把这些积压在心底的话都付诸笔尖，一页接一页地书写，写到自己心情舒畅为止。

写吧，把对周围人的不满都写出来；把对未来的不安也都写出来。

如果怀疑自己的人生无望了，就把这种恐惧原原本本地写在纸上。

如果最真实的感受是希望有人来拯救自己，那么就在纸上写下"帮帮我"。

几乎所有不爱说话的人，心里都藏着许多想说的话，但就是说不出口。他们其实很想呼救"我已经快不行了，快帮帮我"，只是他们无论如何也说不出口。

他们需要做的就是把"我究竟该相信什么？我究竟该怎么办？帮帮我"等内心深处的真实想法全写出来。

如果一个人声称自己不爱说话，其实他未必真的不爱说话。他想说"我会获得平静、松弛的人生吗"，只是无法说出口而已；他想说"我不知道该怎么活下去，我该怎么办呢"，只是说不出口而已。

自称不爱说话的人，并非没有话想说，他们明明在心中呼喊"帮帮我"，但嘴上却怎么也说不出这几个字。因为他们对周围的人抱有敌意。

他们嘴上说"我不爱说话",心里想的却是"我每天都流着眼泪入睡"。只因他们觉得自己四面楚歌,所以酝酿不出开口的情绪。

不爱说话的人,内心藏着很多无法堂堂正正说给他人听的事情。由此可见,他们的规范意识很强。

就这样,敌意加上规范意识,成了他们吐露心声的最大障碍。

因此,他们需要把自己的心里话"吐"在纸上。他们可以写:"这是我的心里话。"

他们虽然一直对人和颜悦色,却从未对谁敞开过心扉。

那么,就把这些无法对任何人说的心里话都写出来吧。

5.3　写出心中的消极情绪

如果即使这样都写不出来，那么就以"我想要的是"开头写好了。接下来，他们可能会写出小时候和母亲一起经历的开心或伤心的事情。

或者，他们也可以以"我该怎么办"为开头往下写。比如"我该怎么和那个朋友相处""朋友的妈妈看起来有点古怪，我该怎么办""朋友不会是个妈妈控吧，我该怎么办"，等等。

他们可以把自己耿耿于怀的事情都写出来。比如自己曾被人欺负，其实当时很想报复，但最终还是放弃了，因为害怕被人认为自己是个坏蛋。

沉默寡言的人在内心呐喊："我要怎么做才能克服人际关系

上的不安呢？"他们在内心深处苦苦思索："真不明白，为什么大家都讨厌我？"他们百思不得其解："我这个样子，该怎么办才好？"

自恋者想向他人询问的事情多不胜数。自恋程度越高，想写的东西也就越多。

自恋者还会写关于自己兄弟姐妹的事情。比方说，自恋者会写："他们都结婚了，现在都过得怎么样呢？"

自恋者会因在现实中受伤而躲进自己的世界。然后，他们会在自我封闭的世界里形成这样一些想法。比如他们会真的认为"没有人理解我"。他们在书写心中的不满时，会发现那些不满早已堆积成山，仿佛怎么写也写不完。

当那些不满郁积在心中，即使有人鼓励他们"积极点儿"，他们也无法积极起来。

如果任由不满越积越多，自恋者的注意力将完全被自己不好的一面所占据。

因此，自恋者要把它们都写出来。

可以写"你说，我该怎么办呀？我该怎么办呀"；可以写"我很不安，不知道该怎么办"；可以写"我该怎么办才好呢？请教教我，拜托了"；可以不加掩饰地把自己当下的状态写出来，并写上"请救救我吧"。如果感觉"自己也不知道自己是什么心情"，那就如实地这么写便好。

还可以写："我怎么也下不了决心，我该怎么办呢？我心里知道必须积极主动地生活，但一想到可能与他人发生冲突，我就失去了勇气和力量。"

其实，自恋者之所以会变得沉默寡言，正是因为他们在现实中与人谈话时会伴有恨意、规范意识、害怕被嫌弃、恐惧感等负面情绪，所以无法坦率地表达自己的心情。

5.4　富足的人生，意味着有能力信任他人

自恋者没有自己喜欢的事物，没有自己喜欢的人，这对他们的人生具有决定性的影响。

比方说，精神科医生建议自恋者"和朋友一起去旅行"，自恋者便这般做了。但即便如此，他们的状态依然无法得到改变。

因为，欣赏风景的只有朋友一个人，享受美食的也只有朋友一个人。而自恋者本人，则只是强迫自己附和朋友的意见而已，其实他一点也不开心。

有个患有神经症的商务人士，表示自己在公司里很不开心。于是心理咨询师向他建议："你不妨在公司午休时和前辈下下象棋。"

他照做了，却还是一点都不开心，因为他无法把精力集中到

下棋上。

另一个人得到了如下建议："你既然这么讨厌公司，不如把公司的事情先放到一边，回家放松放松，好好地和太太聊聊天。"

可是，即使从令他生厌的公司回到家里，他依然会在与妻子的谈话中感受到压迫感。

我们经常能听到这样的建议："你要找到自己喜欢的事物。"特别是上了年纪或退休的人，都想"找个爱好"或"做点喜欢的事情"。但是，"找到自己喜欢的事物"对他们来说真的很难。

对于普通人来说，如果目标是"成为有喜欢的事物的人"，那么成功的可能性便很大。但自恋者没有喜欢的事物，也没有喜欢的人。这是自恋者的重要特征之一，而人们通常会忽略这一点。

富足的人生，就意味着要"有能力信任他人"及"清楚自己喜欢什么"。不幸，便意味着缺乏这两种能力。

一个人要想获得幸福，最重要的是拥有一个能够绝对信任的人和一个属于自己的爱好。

自恋、自卑和自我憎恶等心理会破坏个体的这两种能力。

如果个体认为"只有这个人可以绝对信任"，那么便意味着他和这个人建立起了心灵沟通。

　　由于自恋者只关心自己，因而无法与任何人建立起心灵沟通，无法相信任何人，无法和任何人真正地交流。

　　此外，妨碍个体"清楚自己喜欢什么"的最大障碍也是自恋。由于沉迷于自我陶醉，自恋者对面前的所有客体都漠不关心。

　　常常听人建议抑郁症患者："你要培养一个爱好。"这话无比正确，但是要让自恋者"培养一个爱好"，其难度无异于要求酒精依赖症患者停止饮酒。

　　问题的关键在于，自恋者要怎么做才能克服自恋。

　　人们倾向于认为爱花、爱狗的人都是善良的人。

　　这是因为拥有"自己喜欢的事物"的人，不会是自恋者。无论喜欢的是花还是狗，只要拥有自己喜欢的事物，便说明这个人的自恋已经得到了消除。

　　所以，这些人大多不坏。换言之，能够关心外界客体的人，大多是善良的人。

5.5　以当下的自己为出发点

正如本书多次提及的那样，自恋者最关心的是自己能否得到表扬。他们并不关心他人，只是对他人的行为做出机械性反应而已。

因此，在长大成人后，从本质上讲，自恋者活得一直不开心。因为作为一名成年人步入社会后，他们不可能总是得到表扬，也不可能总是得到鼓励或理解。

自恋者总希望地球围着自己转，可是，在他们长大后，地球就不再围着他们转了。于是，自恋者便觉得闷闷不乐，怎样也高兴不起来。

仅仅是来自抑郁症患者和神经症患者的信件，我就收到过几万封。这些信里基本上都写着："我的父母总是不开心。"

由于他们的父母是自恋者，他们从来没有得到父母积极的关注。自恋型父母甚至试图通过孩子消除自己那些连自己也没有弄明白的不满。这些孩子最后患上神经症也不足为奇。

我在前面说过，自恋者没有自己喜欢的事物，也没有喜欢的人，这对他们的人生具有决定性的影响。但因此建议他们去寻找自己喜欢的事物，其实并没有什么意义。

自恋者要想拥有自己喜欢的事物，前提是要能够做自己。

心理学家大卫·西伯里（David Seabury）①说过："人只要能做自己，就没什么好担心的。"

关于西伯里的主张，比如怎样才能做自己等内容，我在其他著作中已有探讨，在此不再赘述。

自恋者由于沉迷于自我陶醉，因此不可能做真正的自己。

自恋者在为人处世时，并非"以当下的自己为出发点"，因

---

① 大卫·西伯里（1885—1960），世界知名的心理学家，著有《生而快乐》《如何成功地焦虑》等。——译者注

此，他们无法找到自己喜欢的事物，也无法克服困难。

"以当下的自己为出发点"，并不是指从当下出发去寻找自己喜欢的事物，而是指个体能够察觉到，当下的自己并不拥有喜欢的事物，以这种觉察为出发点。

除了寻求心理成长，自恋者别无生存之道。随着心理的发展成熟，喜欢的事物自然会出现在眼前。

不过，只要不停止自我陶醉，自恋者就不可能找到自己喜欢的事物。

自恋者在寻求心理成长的过程中，最关键的是不要责怪自己。

个体之所以没能实现心理成长，既有具体的成长环境的原因，也有所处的时代大环境的原因。

卡尔·荣格（Carl Jung）① 将神经症定义为："找不到意义的心理疾病"[1]。

---

① 卡尔·荣格（1875—1961），瑞士著名心理学家，开创了分析心理学，代表理论为荣格人格理论，著有《心理类型》《潜意识心理学》等。——译者注

5.6　培养"健康心态"的要点

普通的孩子又是如何消除自恋，健康成长起来的呢？那是因为他们拥有一个发自内心地表扬他们"好棒"的人。

于是，他们自然而然地关心这个真心夸奖自己的人，进而关心外界。

有的母亲会一边表扬孩子"你做得真好……好呀……好的，好的……"，一边收拾地板上的垃圾。这样的表扬，孩子无论得到多少，自恋都无法得到满足，也无法被消除。因为孩子清楚地看到，妈妈的心思都在收拾垃圾上面。

还有的母亲在对孩子说"你对我很重要"时，眼睛却没有看着孩子，而是望着远处的天空。还有的父亲，一边整理自己的衬衣，一边对孩子说："你真是个好孩子。"这样的表扬是无法让孩子的自恋得到满足、得到消除的。

真正能让孩子的自恋得到满足、得到消除的母亲，会在表扬孩子"哇，好棒，好棒"时，激动得拼命鼓掌。

自恋者在看到小动物时，首先出现在脑海里的不是"哇，好可爱"，而是担心自己会不会被传染上什么疾病，他们关注的重点是自己的身体。

换言之，所谓的自恋，就是指不关心外部世界。自恋者"害怕患上疾病，所有心思都花在了担心自己的身体上"[2]。

自恋者为何会如此不关心外部世界，而总是对自己身体上的细微变化过分关注呢？

这可能是因为，他们在小时候玩得忘乎所以时，没有一个温柔的母亲把手贴在他们的额头上，焦急地问："哎呀，你是不是发烧了？"

自恋者要是拥有这样的母亲，就无须如此关心自己的身体。有母亲关心着自己的身体，自恋者便不必对自己的身体如此在意。

自恋者从小时候起就必须保护自己。由于没有人保护自己，他们养成了用孩子的智慧保护自己的习惯，以至于只会以错误的方式保护自己。

如果孩子在外面摔疼了，回到家后告诉母亲，母亲通常会表现得一脸心疼。如果一个人拥有这样的母亲，就能避免成为自恋者。

如果当孩子痛苦时，母亲也能够面露痛苦，安慰说："一定很痛吧？"孩子将获得活着的实感，进而感受到他人的存在。

相反，当孩子说"疼"的时候，母亲却表现出无所谓的样子，孩子的心灵便得不到安慰。同时，对孩子而言，"母亲"从那时起便消失不见了，所有其他人也都消失不见了，他的内心世界里只剩下了他自己。

人们常说，自恋者的内心世界是"虚无的"，殊不知，他们的内心世界正是在这样的体验中逐渐石化的。

前面提到过，自恋者的特征是对他人漠不关心。但他们之所以这样是有原因的。

母亲对孩子的关心，会将孩子的注意力引向外部世界。

为了满足孩子的自恋需求，养育者需要给予孩子足够的身体接触。

　　襁褓中的婴儿通过皮肤的接触来了解自己以外的世界。小婴儿天生就知道，仅凭自己一人无法感知这个世界。

　　对小婴儿来说，喜悦、快乐、悲伤、生气等情绪的产生，也都离不开他人的存在。人类无法独自一人长大。

5.7　爱他人的能力源于被爱的体验

要消除孩子的自恋，并不是只要认真地表扬他便万事大吉。父母具体就什么事情给予孩子表扬，一定不能弄错。最重要的是，当孩子成功地做到什么事情时，父母要给予真心的表扬。

我曾看到这样一个场景：一个小孩子拼命地想系好鞋带，可是怎么也系不好。最后，他终于系好了，脸上露出了灿烂的笑容。这个笑容，我至今难以忘怀。

这个笑容所表现出的，正是孩子成功的喜悦。

假如这个孩子的父母当时在场，这个时候就应该表扬他。

成功的喜悦与被表扬的喜悦相结合所产生的巨大能量，会使这个孩子产生更积极的欲望。

孩子受伤时母亲关爱的态度，不仅能消除孩子的自恋，还有助于培养孩子的同情心。

比如孩子因为调皮捣蛋，不小心把手划破了，血流不止，而且很疼。这时孩子可能非常紧张：这可怎么办才好呢？自己是因为做了妈妈说过不能做的事情才把手划破的。

如果这时母亲能够细心地为孩子处理伤口，孩子紧张不安的情绪就会松弛下来，并且在这类体验的整合中发展出同情心。

由于有过这样的体验，孩子将会对有同样经历的人产生同情心。

在给孩子洗澡时，边洗边亲切地问孩子"舒服吧"的母亲，与一声不吭地把孩子放到水里的母亲，她们的孩子心理发展水平是不一样的，因为孩子大脑受到的刺激不同。

如果母亲温柔地对正在洗澡的孩子说"舒服吧"，孩子将慢慢学会什么是"舒服"。同时，孩子的大脑活动也会变得更为活跃。

父母把日常用语与感觉联系起来教给孩子，这便是心灵教育。

对美食的感受也是如此。

有的母亲像投食一般给孩子提供食物，并催促他们"快点吃"，这样长大的孩子很难拥有"美美地吃一顿饭"的欲望。

我们尤其需要理解的是，孩提时代拥有快乐的体验，对孩子大脑的正常发育非常重要。

我们还需要理解，孩子年幼时在与父母的关系中体验到快乐，这本身就具有重大的意义。

有的孩子从小吃饭时就非常紧张，经常被母亲责骂"懒惰的东西，别吃了！"并强行把他正在吃的饭收走。

与此相反，有的孩子吃饭时，母亲会在一旁陪他聊天，比如在吃咖喱饭时，母亲会亲切地问他"咖喱饭好吃吗？"。

如此一来，孩子便会认为"这个咖喱饭很好吃"。不仅如此，"好吃"这一体验本身，也会成为孩子大脑正常运转的良性刺激。孩子将会在这类体验中感受到生活的乐趣。

不具有母性特质的母亲无法把语言中包含的各种感觉教给孩子。她们无法把"愉快"这种感觉，在孩子进食过程中一起教给孩子。

还有一些母亲，告诉孩子"活着是件痛苦的事情"。

有一个女孩，她的母亲告诉她："医生告诉我打掉你我会有生命危险，所以我才把你生下来。你是为了照顾父母而生的。"

这个女孩从幼儿园开始就不断地听到母亲说类似的话，而且母亲还总是骂她"笨手笨脚，磨磨蹭蹭"。

她不愿和母亲争辩，所以一直忍耐着，但内心对母亲充满了厌恶。

有母性特质的母亲会告诉孩子，吃烫的东西时要先吹一吹。有了这样的母亲保护，孩子就可以体验愉快地泡着澡、吃着好吃的，他们的心理便会得到满足，进而积极地面对生活。

如果母亲在孩子吃饭时提醒他"很烫哦，你吹一吹再吃"，就相当于为孩子大脑的正常运转提供了非常重要的刺激。

反过来，如果没有这样的母亲陪伴，孩子可能端起热气腾腾的汤直接喝下去。那么这个孩子在被烫到时会对世界产生什么样的感觉呢？他会不会下意识地觉得这个世界充满危险呢？

有的人表示："每当我身处困境时，我的父母总是不在我的身边。"

还有的人说："我受了欺负回到家，父母便会骂我'净给父母添堵，你真是个惹人厌的东西！'"

在这样的环境中长大的孩子，即使有人对他们说"不要做一个自恋者"，也无济于事。

在具有母性特质的母亲身边长大的人，和在自恋型母亲身边长大的人，会成为完全不同的人。

5.8　心向此时此刻的世界开放

要想消除自恋，首先要认识到自己是个自恋者。如果不承认这一点，自恋者的人生就会陷入死胡同。

其次，不要责怪自己是个自恋者。一定要明白，自己之所以会成为自恋者，是有充分理由的。

承认自己内心的自恋，对自己予以肯定，自然就能找到生存之道。

如果能够承认自己的自恋，那么自恋者在与他人发生冲突时便不会再一味指责对方，在对方没有做出预期的反应时也不会再不依不饶。

有一个被自恋型父母养育的女孩说："我的鼻子都流血了，他们仍然不停手。"

她的父母之所以如此歇斯底里地打她还觉得不解气，就是因为他们是自恋者。

还有一个女孩，她的父亲非常爱唠叨，对同一件事情会一遍又一遍地说，她只好保持沉默。结果她的父亲就大发雷霆："你连和人说话都不会了吗？"最后，这个女孩得了厌食症。

在另一个例子中，当事人表示："母亲每天都没完没了地哭诉抚养孩子多么艰辛，只要我没有深表敬意地倾听，她就会拿出菜刀，叫嚷着我死了才好。"

还有一个例子，这位当事人的母亲的口头禅是："妈妈美不美？妈妈美不美？"

总之，自恋者无法倾听他人在说什么。不仅是自恋者，内心存在冲突的人也是如此。有能力听别人说话的人，是专念的人，是心向"此时此刻"的世界开放的人。

克服自恋的方法之一，就是先练习听他人说话。虽然这对于高度自恋者而言可能很难做到。

如果你试图弄明白别人在说什么，却怎么也听不明白，就要意识到自己可能是自恋者。这是消除自恋的第一步。

整天将"妈妈美不美？妈妈美不美？"挂在嘴边的母亲，首先应该做的便是认识到自己是一个自恋者。

5.9 珍惜每天的小确幸

"心灵教育"曾一度十分盛行。

所谓的心灵教育，就是让个体体验心情舒适的感觉。让他们欣赏清爽的绿色，吹吹清晨的微风，全身心地感受什么是"舒服"。这种让人用身体直接感受舒畅感，便是心灵教育。

这种对"舒服"的直接体验不断积累，便会培养出感动的心，使个体成为会感动的人，让个体的心灵获得成长。或者让个体去寻找自己喜欢的花，也可以达到相同的效果。

总是烦恼的人，没有自己特别喜欢的花或其他什么事物。要想摆脱烦恼，他们只需去找到自己喜欢的花，然后一个人好好享受花香。

自恋者在消除自恋的过程中，最重要的是将能量从自我执着中释放出来。为此，他们要摒弃错误的价值观，看透他人和自己的伪善。

自恋者如果能把注意力放在自我意识的解放以及本书一直讨论的自恋消除上，把能量从自恋中释放出来，再把所释放出的能量转而用于巩固对客体的兴趣和意识，以及对他人的爱，他们便能走出心理困境，活出松弛感。

自恋者所面临的最大挑战，便是如何把能量从自恋中释放出来，以及如何将缠绕于自身的意识引向外界的客体。

5.10　承认这些，你将不再恐惧

自恋者无论多么自命不凡，其人生都是没有梦想和希望的。即使头顶阳光明媚，他们也好似活在暗无天日的地窖中；即使浑身珠光宝气，他们的内心世界也毫无尊严，处于兵荒马乱的状态。

内心容易动摇的人，需要好好反省一下自己是不是自恋者。一旦意识到自己是自恋者，就要下决心克服自恋。

对于正在克服自恋的自恋者，最重要的一句格言是贝兰·沃尔夫所说的"现实是我们忠实的伙伴"。

即使察觉到自己是自恋者，也没有必要责怪自己。因为那可能是由于自己从小就没有一个会倾听自己在说什么、真正关心自己的人。

当孩子无视他人自顾自地说自己的事情时，如果父母始终耐心倾听，没有丝毫的不耐烦，那么孩子的自恋便会得到充分的满足，他长大后也不会成为自恋者。

对自恋者而言，最重要的是要意识到自己是自恋者，由此才能开始成长。

然而，自恋者所面临的最大问题，便是他们并不认为自己是自恋者。甚至当有人指出他们是自恋者时，他们还会固执地坚持："我不是自恋者。"自恋者的这种固执会带来很多危害，其中之一便是导致他们"丧失思考的能力"。

承认自己是自恋者，就意味着具有承认自己弱点的勇气和力量。

如果没有这种强大的力量做支撑，要求自恋者具备思考能力，几乎是不可能的。

自恋者一天不消除自己的自恋倾向，就一天没法用自己的头脑思考。

人只有在安心的情况下，才能知道自己真正想要的是什么，也才有能力去独立思考。

在筑牢保护自己的防线之前，修建坚实的壁垒便成为自恋者的当务之急，因此，他们对周围的一切都视而不见。

在他们眼里，为自己建造防线"运送石材"的人，就是"好人"——自恋者不分青红皂白，把所有表扬自己的人当成好人。

人的自恋不是那么容易就能消除的。但只要被自恋束缚，人就不可能获得幸福。那么，自恋者究竟该怎么做呢？

对此，本书已经介绍了许多方法。除此之外，自恋者还可以在与大自然的亲密接触中回顾自己的人生。

比方说，可以在静谧的月下聆听虫儿的低声吟唱。

试着将身心静静地置于如水的月光和清脆的虫鸣中，你是否感受到悠久的时间长河呢？你是否会有"想必古人也和我一样，在这样的月光下聆听着虫鸣"这样的感触呢？

你正在望着的这轮明月，古时候的人们也曾这么望着，或许贝多芬也曾望着。你是否想过，贝多芬肯定比自己更痛苦呢？

在这样的思绪中，你难道不觉得自己是比月亮和虫鸣更渺小的存在吗？

当你感受到这悠久的时间长河时，你难道没有意识到自己的存在是如此有限、如此美好吗？你难道没有意识到，如此有限的自己却得意忘形、自命不凡，显得很可笑吗？

你难道不会想到，自己真的要被如此渺小的自命不凡所束缚，就这样结束自己短暂的人生吗？

在感受悠久的时间长河中，自恋者将会发现生存在有限的时间中的自己，进而从自我陶醉中清醒过来。

5.11 倾听大自然的声音，享受松弛感

在《致过度努力的人们》一书中，我描写了关于春夏秋冬四季的故事。

自恋者要想消除自恋，必须接触大自然。

如同倾听他人说话一样，我们也要倾听大自然的声音，留意大自然发出的不同的声音。

秋天的雨，会发出淅淅沥沥的声音，那便是有名的秋雨。

炎热的夏季退去，迎来初秋的脚步，这时的秋雨会让我们感觉可以消除整个夏日的疲惫，具有疗愈心灵的力量。

秋天的雨，雨丝长长的，丝丝细白。秋雨亦如同落下的泪滴。

"啊——秋天的雨啊——"，当我们像这样感受雨丝的韵律时，

便是生活在与大自然的接触中。

在这样的感受中，自恋者的自恋会慢慢消失不见。

秋雨会与一棵棵大树相互交融。金黄的银杏树与城市融为一体，银杏的色彩融入城市的景色，高楼大厦也与银杏合而为一。这融入周围世界的银杏树，会让人觉得很温柔。

如同倾听他人说话一样，我们也要留意每时每刻的景致变化。

金黄的银杏树，既与雨水交融，也与周围的景色交融在一起，成了街景的一部分。

秋季城市的特征，归根结底是大自然与城市相融合的产物。因此，城市景色本身就可以疗愈心灵。

秋季原野上的"寂寥"与秋季城市中的"寂寥"，各有各的韵味。秋天的街景虽然有些冷清，却总会有某处令人心生满足之感。

所以，我们会不自觉地发现"秋天来了"。当我们产生"秋天来了"的感觉时，便意味着我们生活在与大自然的接触中。换言之，我们将大自然的节奏内化到了自己心中。

然后，我们便能全身心地感受四季的节奏。但沉迷于自我陶醉的自恋者，感受不到这些。

正如雨有四季之别那样，风也有四季之分。自恋者要把注意力投向这些不同之处上，比如风向的不同，而不要被内心的冲突夺去了心智。

秋天的雨自有它的特点，秋天的风也是如此。饱含果香的风便是秋天的风。冬天的风无色无味，春天的风带着花香，夏天的风不知为何总是很"浓重"。因而，秋天有秋风，夏天有夏风。

当我们像这样通过不同气味的风，感受到"夏天到了"或"秋天来了"时，便是生活在与大自然的接触中。当自恋者拥有这样的感受时，便能从自我陶醉中解脱出来。

秋天的风清澈透明，与秋天清澈的天空如出一辙。秋天是以秋天独特的节奏整合在一起的。

秋天城市的颜色，也因这秋风而格外清爽、红绿分明。于是，行走在城市中的人们，其时尚装束也成为秋色的一部分，让整个城市都变得淡然沉静。

此时吹来的风会环绕全身，而不是自下而上吹起。这风既不是凛冽的西北风，也不像夏天的风那样自上而下地吹来。

当秋风拂面，如果自恋者能感觉到自己的心灵开始变得纯洁，那他们的自恋便会逐渐消散。

相反，如果他们继续沉迷于自我陶醉，秋风便不会帮助他们洗涤心灵的污垢，也不会帮助他们涤荡人生。

只要不再沉迷于自我陶醉，当置于秋风中时，秋风便会抚摸他们的心灵。这便是秋天的风。

在给人以哀愁之感的秋日里，鸟儿们停靠在树梢上。在秋日的阳光下，四处可见成群结队的麻雀。这便是秋日的景色。

柿子红了，乌鸦飞来啄食着红红的柿子。在遥远的山村，夕阳西下时，乌鸦们"啊——啊——"地叫着。这便是让人感到些许哀愁的秋日氛围。

稻草被扎成一捆一捆摆放在田野里。这样的景色，便是秋日的景色。

还有因为爱着自己而凋零落下的银杏叶。

傍晚的天空，似乎在对大自然的树木说："辛苦了。"这样的秋季，天空很高很高。

飘落的银杏叶，拥有"再坚持一天就能绽放"的韧性。不是只有花朵才能够绽放，红叶便是"绽放"的叶子。红叶便是叶子开花时的模样。

每一棵树都迎来了自己的全盛期，这时的叶子便如同花儿一样盛开、凋零。

相比樱花，银杏叶会让人产生更强烈的感觉。樱花落尽后会长出满树新叶。从这一点看，樱花是有梦想的，但银杏叶却没有。正因如此，才会让人感到"物哀"。

但银杏叶已经尽力了。所以，当飘落的银杏叶映入眼帘时，我们脑海中也会自然地浮现这样的念头："今年只剩下两个月了，我也要这样努力！"

自恋者远离如此丰富多彩的大自然，也远离了大自然给予人类的抚慰和梦想。

秋天结束后，冬天的脚步随之响起。

普通人在深秋时节，初冬来临之际，便会产生"冬天终于来了"的感觉。同时，他们会回顾自己近一年来的努力，内心满是充实感。

冬季，是在心中点亮一盏灯的季节，是一个怀抱梦想的季节，是一个在心中创造自己的世界的季节。

冬天的寒冷，我们是从冬日的氛围中感受到的。枯叶飘零，自然令人心生寒意。如果依旧绿叶繁茂，人们也不会觉得冬天如此寒冷。

当天空飘起鹅毛大雪，刺骨的寒风扫荡天地时，我们一年来郁积心中的烦心事也会被吹得一干二净。冬日的严寒，能把人们积压了一年的烦恼，从心灵的房间里清扫出去。

自恋者无法享受到冬季赐予的这种恩惠。自恋者和非自恋者，即使生活在同一个冬季里，其感受也是完全不同的。

寒冷的冬季，是呵护和孕育生命的季节。正是因为熬过了冬日的大雪，山毛榉树才会如此坚韧不拔。

内心强大的人生活在四季赐予人类的恩惠中；而自恋者却沉迷于自我陶醉，蜷缩在自己的世界里——他们是远离四季、离群索居的人。

5.12 心怀感恩，体验心满意足

对自恋者而言，余生是否幸福，关键在于他们能否将自身的能量从自我陶醉转移到自我实现上来。

人生的意义，取决于能否找到自己倾注热情的对象。

若是在自己以外的地方寻找到了倾注热情的对象，个体的自恋就将得以消除。反之，一个人若是在自己以外找不到倾注热情的对象，就无法消除自恋。这种情况反过来也可以成立，即自恋得以消除的人，能够在自己以外的地方找到倾注热情的对象。

这里所说的倾注热情的对象，是指即使得不到表扬，也能使个体获得满足的事物。换言之，这里所说的热情是个体从内部感受到的热情。

一个人若是发现自己是自恋者，就要好好地感谢自己周围的人，感谢他们一直陪伴在这么难相处的自己身边。

不过，自恋者也无须为此自责。他们之所以无法消除自恋，是因为年幼时从未真正体验过被表扬和被关心的感觉。

对于美洲印第安人而言，自然便是美的最高境界。他们认为破坏大自然，就是亵渎神灵。

"他们会在清晨起床后，穿上一双摩卡辛（印第安人的平底鞋），来到水畔边，在那里用冷水洗脸，或者直接跳入水中。这样沐浴过后，他们便快速地面向东方破晓处站定，朝着从地平线上探出头来的朝阳默默祈祷"[3]。

也许在下雨天或非拂晓时分，他们也会这么做。因为，他们正是通过这一系列行为来重视自己的。也许印第安人在这样做的同时，还会把美好的事物教给他们的孩子。

美洲印第安人与大自然的亲密接触并不限于清晨，他们在白天也会欣赏令人叹为观止的美景。例如黑压压的雷雨云、悬挂于山头的彩虹、碧绿峡谷中的银色瀑布，以及被落日染红的草原。据说，美洲印第安人虔诚的祈祷态度，便是在接触这些大自然的绝美景致中形成的[4]。

这样的态度可以消除心底的仇恨。当仇恨得以消除，人们感到心满意足时，又会自然而然地深化虔诚的态度。

假如美洲印第安人在面对大自然时，轻蔑地认为"不过就是条彩虹嘛"或"不过就是片蓝天嘛"，那么他们就不可能拥有源源不断的能量。

正因为他们在膜拜大自然的同时，相信"绝对会有好事发生"，他们的内心才会迸发出能量，他们心底的仇恨才会烟消云散。

同时，也是因为仇恨消失了，美洲印第安人才会相信"绝对会有好事发生"。

总之，如果一个人心中藏有仇恨，那么就应该学习美洲印第安人，凝视着被落日染红的草原，沐浴大自然的美，并虔诚地祈祷。

大自然会帮助自恋者一点一点地清除内心的仇恨，让他们逐渐积极地看待人生。

此外，自恋者还可以试着与大自然畅谈。可以拜托清风把自己心中的仇恨带走；可以拜托天上的星星用抚慰心灵的力量让自己成为一个积极向上的人。

正是由于能够与大自然和动物们进行交流[5]，美洲印第安人才能源源不断地喷涌出生存能量，甚至连死亡也毫不畏惧。

也正是因为心中的仇恨得以消除，他们在面对死亡时才能平静无憾。

5.13　找到自己喜欢的事情，关心世界和他人

与战争时期相比，现在的日本人逐渐从集体自恋中解脱了出来。但就个体而言，由于共同体的崩溃，日本人仍然可能成为自恋的俘虏。

虽然从内心消除自恋需要极大的勇气，但这是自恋者最终实现快乐生活的秘诀。

自恋者的自恋程度越高，就越容易在现实中受伤。如果能从自恋中解脱出来，就不会总是憎恶他人、责怪他人、怨恨他人，便能过上轻松的生活，不会再因对别人的言行过度敏感而受尽折磨。

自恋者的自恋程度越高，烦恼就越多。自恋者即烦恼者。

要想从烦恼中得到解脱，首先就要思考如何消除自恋。

心理健康的人不会因为世界不围着自己转而感到受伤或痛苦。这样一来，他们的烦恼至少减少了一半。而烦恼的自恋者却会因世界不围着自己转而受伤，觉得无趣。

不仅如此，烦恼的自恋者只是一味诉苦，而不去思考如何解决苦恼。他们没有生活在现实世界中，所以他们的问题永远得不到解决，痛苦也就一直存在。

假如一个人觉得每天都很难熬，觉得活着是件痛苦的事情，他就应该认真了解一下什么是自恋，正视自己内心的自恋。虽然这是一段漫长的过程，但也许是解决内心烦恼的一条捷径。

在这个世界上，到处都生活着因自恋而烦恼、痛苦、枯萎的人，到处都生活着不停地怨恨他人、责怪他人的人。

但这并不意味着自恋都是邪恶的。

正如弗洛姆所指出的那样，"也许我们可以认为它具有某种重要的'生物学功能'"。

比如，自恋也是能量的源泉之一。假如自恋者能把自恋产生的能量转化为生产性能量，那将是非常了不得的事情。

为此，自恋者需要做的是"找到一个自己喜欢的事物"。

一旦找到喜欢的事物，自恋者便不会把精力都投放在自我赞美上，而是会倾注到自己感兴趣的事物上。

虽然这件事做起来没有那么简单，但一旦自恋者的自恋得以消除，他们就不难对其他事物产生兴趣了。

为了找到感兴趣的事物，自恋者首先必须承认自己是因为强烈的自我执着，才会对客观事物不感兴趣、漠不关心。接下来，他们要去找到一个不依赖表扬也能快乐生活的人，然后观察并学习这个人的一举一动。

5.14　卸下"心灵的盔甲"

个体只要被重要他人接受，便会拥有自信。

当一个人确信自己被特定的那个人接受，那么即使他遭到不公正的对待，也有能力使自己保持心平气和。

当然，前提是这个人要与重要他人建立起信任关系。

有了自信，个体就不会因他人的言行感到自我价值被剥夺，也不会因他人的怠慢轻易受伤。即便他们发现自己不是现场的焦点，也不会因此感到不快。

即使当场遭到冷遇，个体也会因"那个人"能接受自己，而获得强大的心理支撑。

这种因"我拥有那个人的认可"而获得的自信，就是一个人内心强大的底气。

内心强大的人不会虚张声势，他们会积极勇敢地生存下去。虚张声势的人，往往是因为害怕自我价值被剥夺。

成年后的个体如果发现自己是自恋者，也不需要自责。我们要记住，即使成年后仍然没能摆脱自恋，那也是有充分理由的。

在这个世界上，在父母的深爱中长大的人很多。但并不是每个人都有这样的好运，也有的人会遭遇各种不幸。

有一个母亲，一连 10 个月，每天都对自己的孩子说："你这样的孩子，我就不该生出来。"

有的人是在被母亲天天骂为"废物"的日子中长大的。

有的人成天被父母训斥："你是靠谁才长这么大的！"

有的人成天被父母唠叨："你可真是个碎钞机。要不是你，我才不工作，轻轻松松地也能过日子。你以后可要好好报答我！"

有的人成天被父母呵骂："像你这样的废物，这个家不需要，给我滚。"

有的人被父母骂"滚出去"，被父母扔来的东西砸伤。

有的人被骂："我们跟你恩断义绝了，给我滚！"

有的人全家上下只有他一个人挨打，弟弟妹妹从来都没有挨过打。

有个人说自己从小就看父亲的脸色过日子，每天提心吊胆的。父亲稍不如意，就会一连好多天发火，不停地骂他"笨蛋，蠢货，无可救药的东西，没有前途的东西，不是我们家的人"，于是他只好不停地说"对不起，对不起……"。

在这样的环境中长大的人，即使有人对他们说"不要成为自恋者"也无济于事。

有的人是在这样的环境中长大的：父母吵架后，会把责任转嫁到他的头上，声称："就是因为你不够优秀，我们才会吵架的！"

有个自恋者的母亲，一直向他灌输这样一个观念："你爸爸靠不住，我只能靠你了。"然后，这个自恋者差点被这一重担给压垮。

另一个自恋者，母亲每天都在她耳边念叨："绝对不能和你爸爸那样的男人结婚！"

这样的例子多得写不完。很多人是日复一日地听着同样的恶言恶语长大的；在这样的自我价值被剥夺的环境中长大的。

他们成长于无人保护的环境中，陷入自我执着也是理所当然的事情。

因此，当突然被人要求"不要成为自恋者"时，他们是无能为力的。他们唯一能做的便是投入大量时间，慢慢培养出关心他人的能力。

结语

答案其实很简单:
只要有所"察觉",一切都会改变。

事实上,能够拯救现实的只有现实本身。方法只有一个,即无论现实多么悲惨,都要客观地去认识现实、面对现实。

自恋者总是心怀不满,饱受慢性不满的困扰。他们积压在内心的怒火威力巨大,但没有人能理解这种隐藏的愤怒。

于是,就像前言中所说的那样,自恋者经常把"没有人理解我"挂在嘴上。

如果说一个人因失业而痛苦,这是谁都能理解的;若是因失恋而痛苦,那也是谁都能理解的。然而,当自恋者痛苦不已时,普通人却很难理解，因为造成自恋者痛苦的原因，既不是火灾也不是失恋，更不是外伤，而是自恋。自恋看不见、摸不着，所以自恋者的痛苦注定无人能理解。

因此，"没有人理解我"，就不可避免地成了自恋者的台词。

如果当事人能意识到自己的自恋并加以承认，世界上的很多悲剧便能得以避免。

自恋的热情，往往引发悲剧。

自恋的热情是一把双刃剑。如果它能与成长欲望相结合，便能成为积极向上的热情，造福个体和社会；反之，如果这种热情与退行欲望相结合，便会酿成悲剧。

有的人尽管在经济和社会地位上很优越，却终生无法摆脱内心痛苦。造成这种悲剧的真正原因，并不在于他人，也不在于现实中的困难和失败，而在于他的自恋。

尽管自恋是幸福的头号敌人，却一直未能得到认真的探讨。本书正是在此背景下，对幸福的敌人——自恋，进行了上述探讨。

注释

前言

［1］Lawrence. A. Pervin, Personality, John Wiley & Inc., 1970,
p.158

［2］同上，第 157 页

［3］Erich Fromm, The Heart of Man, Harper & Row Publishers,
New York, 1964〈和訳 / 鈴木重吉 "悪について" 紀伊國
屋書店、104~105 頁〉

［4］同上，第 105 页

［5］宮本忠雄訳 "時代精神の病理学 フ ラ ン ク ル著作集 3"
みすず書房、135 頁

第一章

[1] Roy F. Baumeister, Jennifer D. Campbell, Joachim I. Krueger, and Kathleen D. Vohs, DOES HIGH SELF-ESTEEM CAUSE BETTER PERFORMANCE, INTERPERSONAL SUCCESS, HAPPINESS, OR HEALTHIER LIFESTYLES?, PSYCHOLOGICAL SCIENCE IN THE PUBLIC INTEREST, copyright © 2003 American Psychological Society, VOL. 4, NO. 1, MAY 2003, p.6

[2] 同上，第 6 页

[3] 同上，第 6 页

[4] Julian Walkera and Victoria Knauerb, Humiliation, Self-Esteem and Violence, The Journal of Forensic Psychiatry &Psychology, Vol. 22, No. 5, October 2011, 724-741, Routledge, p.729

[5] 同上，第 728 页

[6] Arfred Adler, Social Interest: A Challenge to Mankind, translated by John Linton, M.A., and Richard Vaughan, Faber

and Faber LTD, p.159

［7］同上，第 158 页

［8］同上，第 158 页

［9］同上，第 159 页

［10］同上，第 160 页

［11］同上，第 160 页

［12］Dale Carnegie, How to Win Friends and Inflfluence People, Simon & Schuster, Inc.〈和訳／山口博"人を動かす"創元社、265 頁〉

［13］Joseph D. Noshpitz, M.D., Washington, D.C., Narcissism and Aggression, AMERICAN JOURNAL OF PSYCHOTHERAPY, Vol. XXXVIII, No. 1, January 1984, p.25

［14］Bryce F. Sullivan, Danica L. Geaslin, The Role of Narcissism, Self-Esteem, and Irrational Beliefs in Predicting Aggression, Journal of Social Behavior and Personality, 2001, Vol.16, No. 1, 53-68, p.55

［15］Thomas W. Britt and Michael J. Garrity, Department of Psychology, Clemson University, USA, Attributions and Personality as Predictors of the Road Rage Response, British Journal of Social Psychology (2006), 45, p.127-147, 2006, The British Psychological Society, p.127

［16］John Bowlby, Attachment and Loss〈和訳 / 黒田実郎、岡田洋子、吉田恒子 "母子関係の理論　Ⅱ 分離不安" 岩崎学術出版社、222 頁〉

［17］同上，第 222 页

［18］Roy F. Baumeister, Brad J. Bushuman, and W. Keith Camppbell, Self-Esteem, Narcissism. And Aggression: Does Violence Result from Low Self-Esteem or from Threatened Egotism, Blackwell Publishers Inc., p.27

［19］Sander Thomaes, Brad J. Bushman, Bram Orobio de Castro, Geoffffrey L. Cohen, and Jaap J.A. Denissen, Reducing Narcissistic Aggression by Buttressing Self-Esteem, 2009 Association for Psychological Science, Volume 20-Number

12, p.1536

[20] Joseph D. Noshpitz, M.D., Washington, D.C., Narcissism and Aggression, AMERICAN JOURNAL OF PSYCHOTHERAPY, Vol. XXXVIII, No. 1, January 1984, p.17

[21] 同上，第17页

[22] 同上，第33页

[23] 同上，第28页

[24] Michael P. Maniacci, His Majesty the Baby: Narcissism through the Lens of Individual Psychology, The Journal of Individual Psychology, Vol. 63, No. 2, Summer 2007, O2007, The University of Texas Press, p.140

[25] Erich Fromm, The Heart of Man, Harper & Row Publishers, New York, 1964〈和訳 / 鈴木重吉 "悪について" 紀伊國屋書店、1965、89頁〉

[26] Joseph D. Noshpitz, M.D., Washington, D.C., Narcissism and Aggression, AMERICAN JOURNAL OF

PSYCHOTHERAPY, Vol. XXXVIII, No. 1, January 1984, p.17

[27] 同上，第 28 页

[28] 同上，第 207 页

[29] Robert Blackwolf Jones & Gina Jones, Listen to the Drum, Commune-A-Key Publishing. 1995, p.5

[30] Erich Fromm, The Heart of Man, Harper & Row Publishers, New York, 1964〈和訳／鈴木重吉"悪について"紀伊國屋書店、88頁〉

[31] 同上，第 88 页

[32] 同上，第 94 页

[33] Karen Horney, Neurosis and Human Growth, W.W.NORTON & COMPANY, 1950, p.57

[34] George Weinberg, Self Creation, St. Martin's Press Co., New York, 1978〈和訳／加藤諦三"自己創造の原則"三笠書房、250頁〉

[35] 同上，第 250 页

[36] George Wharton James, The Indian' Secrets of Health：or What the White Race May Learn from the Indian, The Radiant Life Press, 1917, p.207

[37] 同上，第 207 页

[38] 同上，第 207 页，"抱怨和自怜似乎在他们的词汇中没有占据任何位置。"

[39] 同上，第 207 页

[40] Erich Fromm, The Heart of Man, Harper & Row Publishers, New York, 1964〈和訳 / 鈴木重吉"悪について"紀伊國屋書店、86 頁〉

[41] 同上，第 88 页

[42] 同上，第 86 页

[43] 同上，第 86 页

[44] 同上，第 90 页

[45] 同上，第 95 页

[46] 同上，第 95 页

[47] 同上，第 93 页

［48］同上，第94页

［49］同上，第94页

［50］Roy F. Baumeister, Jennifer D. Campbell, Joachim I. Krueger, and Kathleen D. Vohs, DOES HIGH ELF-ESTEEM CAUSE BETTER PERFORMANCE, INTERPERSONAL SUCCESS, HAPPINESS, OR HEALTHIER LIFESTYLES? PSYCHOLOGICAL SCIENCE IN THE PUBLIC INTEREST, copyright © 2003 American Psychological Society, VOL. 4, NO. 1, MAY 2003, p.1

［51］Joseph D. Noshpitz, M.D., Washington, D.C., Narcissism and Aggression, AMERICAN JOURNAL OF PSYCHOTHERAPY, Vol. XXXVIII, No. 1, January 1984, p.25

［52］同上，第25页

［53］同上，第25页

第二章

［1］Rollo May, Men's Search for Himself〈和訳／小野泰博

"失われし自我をもとめて" 誠信書房、258 頁〉

[2] Erich Fromm, The Heart of Man, Harper & Row Publishers, New York, 1964〈和訳 / 鈴木重吉 "悪について" 紀伊國屋書店、92 頁〉

[3] 同上, 第 92 頁

[4] 同上, 第 93 頁

[5] Paul Wink, Institute of Personality Assessment and Research, University of California, Berkeley, PERSONALITY PROCESSES AND INDIVIDUAL DIFFERENCES, Two Faces of Narcissism, Journal of Personality and Social Psychology, 1991, Vol. 61, No. 4,590-597, copyright © 1991 by the American Psychological Association, Inc. 0022-3514/91/S3.00, p.596

[6] Jurug Willi, Zweierbeziehung, 1975, Rowohlt Verlag ZmbH〈和訳 / 中野良平、奥村満佐子 "夫婦関係の 精神分析" 法政大学出版局、91 頁〉

[7] Lawrence. A. Pervin, Personality, John Wiley & Inc., 1970,

p.158

[8] 同上，第 158 页

[9] Michael P. Maniacci, His Majesty the Baby: Narcissism
through the Lens of Individual Psychology, The Journal of
Individual Psychology, Vol. 63, No. 2, Summer 2007, O2007,
The University of Texas Press, p.137

[10] 同上，第 138 页

[11] 同上，第 138 页

[12] Lawrence. A. Pervin, Personality, John Wiley & Inc., 1970,
p. 156-157

[13] Rollo May, Men's Search for Himself〈和訳／小野泰博
"失われし自我をもとめて"誠信書房、258 頁〉

[14] 同上，第 259 页

第三章

[1] Erich Fromm, The Heart of Man, Harper & Row Publishers,
New York, 1964〈和訳／鈴木重吉 "悪について"紀伊國

屋書店、126 頁〉

[2] 同上，第 126 頁

[3] 同上，第 133 頁

[4] 同上，第 131~132 頁

[5] 同上，第 132 頁

[6] 同上，第 131~132 頁

[7] 同上，第 132 頁

[8] 同上，第 140 頁

[9] Karen Horney, Neurosis and Human Growth, W.W.NORTON & COMPANY, 1950, p.195

[10] Rollo May, Men' s Search for Himself〈和訳／小野泰博 "失われし自我をもとめて" 誠信書房、259 頁

[11] Rollo May, Love and Will, Dell Publishing Co., INC., 1969, p.204

[12] Karen Horney, Neurosis and Human Growth, W.W.NORTON & COMPANY, 1950, p.45

[13] Erich Fromm, The Heart of Man, Harper & Row Publishers,

New York, 1964〈和訳／鈴木重吉 "悪について" 紀伊國
屋書店、81 頁〉

[14] 同上，第 86 頁

[15] 同上，第 94 頁

[16] Karen Horney, The Unknown Karen Horney, edited by
Bernard J. Paris, Yale University Press, 2000, p.317

[17] 同上，第 81 頁

[18] Manes Sperber, Masks of Loneliness, translated by Krishna
Winston , Macmillan Publishing Co., Inc. New York, 1974, p.180

[19] Maryke Cramerus, Adolescent anger, Bulletin of the
Menninger Clinic. Fall90, Vol. 54 Issue 4

第四章

[1] 宮本忠雄訳 "時代精神の病理学 フランクル著作集 3 "
みすず書房、69 頁

[2] 极其重要

[3] 非常重要

［4］Philip Zimbardo, The Shy Child, Dolphim Book, Doubleday & Company, 1982, p.3

［5］采用害羞的流行程度比例表示

［6］同上，第 188 页

［7］Erich Fromm, The Heart of Man, Harper & Row Publishers, New York, 1964〈和訳 / 鈴木重吉 "悪について" 紀伊國屋書店、91 頁〉

［8］Marlane Miller, Brain Styles, Simon & Schuster, Inc., 1997〈和訳 / 加藤諦三 "ブレイン・スタイル" 講談社〉

［9］Michel Argyle, The Psychology of Happiness, Methuen & Co.LTD, London & New York, 1987, p.124

第五章

［1］宮本忠雄、小田晋訳 "精神医学的人間像 フランクル著作集 6" みすず書房、14 頁

［2］Erich Fromm, The Heart of Man, Harper & Row Publishers, New York, 1964〈和訳 / 鈴木重吉 "悪について" 紀伊國

屋書店、84頁〉

[3] The Soul Of An Indian And Other Writing From Ohiyesa, The Classic Wisdom Collection, edited and arranged by Kent Nerburn, New World Library, San Rafael, California, 1993, p.9

[4] 同上，第9~10页

[5] 同上，第5页